AKADEMIE FÜR RAUMFORSCHUNG
UND LANDESPLANUNG

ARBEITSMATERIAL

Fernerkundung durch Satelliten- und
Flugzeugaufnahmen für die Raumordnung

Kolloquium 2000 der LAG Bayern in Bayreuth

Die Deutsche Bibliothek - CIP-Einheitsaufnahme

Fernerkundung durch Satelliten- und Flugzeugaufnahmen für die Raumordnung/
Akademie für Raumforschung und Landesplanung. - Hannover: ARL, 2001
(Arbeitsmaterial / Akademie für Raumforschung und Landesplanung; Nr. 281)
ISBN 3-88838-681-0

Autoren

Hans Angerer, Regierungspräsident, Regierung von Oberfranken, Bayreuth

Bernd Arnal, Ltd. Regierungsdirektor, Leiter der Regionalplanungsstelle, Regierung von Oberfranken, Bayreuth

Toni Breuer, Prof. Dr., Lehrstuhl für Geographie, Universität Regensburg

Carsten Jürgens, Dr., Privatdozent, Lehrstuhl für Geographie, Universität Regensburg

Manfred Keil, Dipl.-Phys., Deutsches Zentrum für Luft- und Raumfahrt, Oberpfaffenhofen

Andreas Lippert, Dipl.-Geogr., Gesellschaft für Angewandte Fernerkundung, München

Gotthard Meinel, Dr., Institut für ökologische Raumentwicklung - IÖR -, Dresden

Peter Reiß, Dr., Vermess.Dir, Bayerisches Landesvermessungsamt, München

Axel Relin, Dr., Gesellschaft für Angewandte Fernerkundung, München

Die Einzelbeiträge sind im Rahmen eines Forums von Expertinnen und Experten diskutiert worden (externe Qualitätskontrolle) und nach einer abschließenden Überarbeitung dem Sekretariat der ARL zur Drucklegung übergeben. Die wissenschaftliche Verantwortung für die Beiträge liegt allein bei den Verfassern.

Best.-Nr. 681
ISBN 3-88838-681-0
ISSN 0946-7807

Alle Rechte vorbehalten • Verlag der ARL • Hannover 2001
© Akademie für Raumforschung und Landesplanung

Auslieferung
VSB-Verlagsservice Braunschweig
Postfach 47 38
38037 Braunschweig
Tel. 0531/70 86 45-648
Telex 952841 wbuch d; Fax 0531/70 86 19

Inhalt

Vorwort		V
Kurzfassungen / Abstracts		1
Axel Relin, Andreas Lippert	Satellitendaten der neuesten Generation – was darf die Raumplanung erwarten?	5
Manfred Keil	Ausgewählte Beispiele der Nutzung hochauflösender Fernerkundungsdaten für die Raumplanung und Landnutzungskartierung	12
Gotthard Meinel	Erstellung landesweiter IRS-1C-Satellitenbildmosaike und ihre Anwendung in der räumlichen Planung	27
Peter Reiß	Bereitstellung räumlicher Informationen für die Raumplanung Stand und Entwicklungen aus der Sicht der Landesvermessung	41
Toni Breuer, Carsten Jürgens	Bemerkungen zum Einsatz von satelliten-getragenen Fernerkundungsverfahren in Raumordnung und Landesplanung	61

Vorwort

Von Anbeginn gehören Karten und Luftbilder zum unentbehrlichen Rüstzeug der Raumplanung. Der selbstverständliche tägliche Umgang mit diesen Hilfsmitteln ist dem Berufsbild des Raumplaners immanent und macht diesen immer wieder zum geschätzten Gesprächspartner regionaler Entscheidungsträger. Voraussetzung für eine so beschriebene glückliche berufliche Partner-Beziehung auf Dauer ist allerdings, dass sich die Beschaffung der erforderlichen räumlichen Informationen stets am neuesten technischen Standard orientiert, dabei aber bedarfsorientiert „am Boden der Tatsachen bleibt".

Schon in den siebziger Jahren hatten wir in Oberfranken die besonderen Möglichkeiten einer Verbesserung der kartografischen Hilfsmittel durch aktuelle Luftbilder erkannt. Mit Finanzierung durch den Bezirk Oberfranken konnten wir als erster bayerischer Regierungsbezirk eine Befliegung speziell für raumplanerische Zwecke im Jahre 1980 durchsetzen, die letztlich die nachfolgenden regelmäßigen Befliegungen Bayerns im Maßstab 1:15 000 initiierten.

Seit nunmehr 20 Jahren haben wir daher mit Kollegen aus anderen Sparten der Verwaltung die Gelegenheit, Veränderungen in unserem Zuständigkeitsbereich aktueller, als es mit Karten allein möglich ist, auszuwerten und in landes- und regionalplanerische Handlungsempfehlungen umzusetzen - aber immer noch sind diese Informationen manchmal bis zu fünf Jahre alt.

Natürlich haben wir schon vor geraumer Zeit begonnen, nach den Bildern aus dem Weltraum auszuschauen, die unseren Bedürfnissen entsprechen. Aber leider zeigten sich da bisher in Gestalt mangelhafter Auflösung Begrenzungen, die eine Verwendbarkeit meist in Frage stellten.

Ein Fenster für neue Überlegungen in dieser Hinsicht wurde aufgestoßen durch einen Hinweis in Nr. 3 der Akademie-Nachrichten von 1999, dass eine CD-Rom *„Vom Satellitenbild zur Planungskarte"* bezogen werden könne. Der Inhalt dieser Scheibe, insbesondere die Ankündigung von Satellitenbildern mit einer Auflösung von bis zu 1x1 m, veranlassten mich schließlich, dem Leiter der LAG Bayern die Durchführung dieses Symposiums vorzuschlagen.

Wir haben viel Neues und beeindruckende Details gehört und gesehen bei dieser Veranstaltung! Aber – wie überall – muss technischer Fortschritt (z. B. Aktualität der Daten, weitgehend beliebiger Maßstab, Fortfall von Blattschnitten, Möglichkeit beliebiger Kombinierbarkeit thematischer Inhalte) ins Verhältnis gesetzt werden zu den technischen und vor allem finanziellen Aufwendungen. Bei diesen praktischen Details wird es noch einer Vielzahl von Erörterungen und Entscheidungen bedürfen, um in absehbarer Zeit zu vertretbaren Ergebnissen in Bezug auf die Verbesserung der raumplanerischen Arbeit zu kommen.

Abschließend sei eine Vision gestattet, die diese „schöne neue Welt" mit den Informationen aus dem Weltraum in den raumplanerischen Arbeitsplatz der Zukunft einbezieht:

Jeder Sachbearbeiter der Dienststelle sitzt vor einem vernetzten PC-Bildschirm, der ihm einerseits die selbständige Erstellung beliebiger Dokumente und deren Abgleich und Austausch mit Partnern im und außer Haus gestattet (heute nahezu schon Standard). Andererseits kann er sich aber auch zur Vorbereitung seiner raumplanerischen Arbeit am Bildschirm raumbezogene Informationen in beliebiger Kombination zusammenstellen, ggf. abspeichern und in Texte einfügen. Hierzu stehen ihm über ein Rauminformationssystem traditionelle kartografische Informationen ebenso zur Verfügung wie monatliche aktualisierte Datensätze aus dem Weltraum, die eine „dynamische Betrachtung" bis hin zur Gegenwart erlauben. Diese Hilfen ermöglichen ihm bei präzisen Fragestellungen „maßgeschneiderte" regionsbezogene Aussagen von höchster Aktualität, und zwar innerhalb sehr kurzer Zeit.

Utopie? Ich meine „nein". Wir müssen nur beginnen!

Bernd Arnal

Kurzfassungen/Summaries

Axel Relin, Andreas Lippert

Satellitendaten der neuesten Generation - was darf die Raumplanung erwarten?

Der Artikel gibt einen Überblick über die Entwicklung der Satellitensensoren vom ersten zivil verfügbaren System Landsat TM bis zu den aktuellen höchstauflösenden Sensoren, die in privater Initiative entstanden sind. Er enthält eine Beschreibung der wichtigsten Parameter der verfügbaren Sensoren und erläutert ihre Zusammenhänge untereinander und deren Bedeutung für die Praxis. Da die Preise ein wichtiges Kriterium bei der Auswahl von Satellitendaten sind, wird detailliert darauf eingegangen. Abschließend zeigen Bild- und Textbeispiele die Vorteile von hochauflösenden Satellitenbildern durch ihre Aktualität und hohe Beweiswirkung.

Axel Relin, Andreas Lippert

Satellite data of the latest generation – what can town-&-country planning expect?

This article provides an overview of the development of satellite sensors from the first system available to civilians, Landsat TM, to the present-day high-resolution sensors, which have been developed by private initiatives. It contains a description of the most important parameters of the sensors available and explains their interrelationships among one another as well as their significance in actual practise. Since the prices are an important criterion for the selection of satellite data, this is gone into in depth. Finally, image examples and text examples show the advantages of high-resolution satellite images through their topicality and the effect of the proof they provide.

Manfred Keil

Ausgewählte Beispiele der Nutzung hochauflösender Fernerkundungsdaten für die Raumplanung und Landnutzungskartierung

In den letzten Jahren ist die Satellitenfernerkundung, neben Systemen der flugzeuggetragenen Fernerkundung, in Bereiche der räumlichen Auflösung von mehreren m bis zu einem m vorgedrungen. Dies eröffnet der räumlichen Planung auch im dichtbesiedelten Europa neue Anwendungsbereiche. Für viele Fragestellungen ist aber nicht nur die räumliche Auflösung, sondern auch der thematische Informationsgehalt, die Breite der räumlichen Überdeckung und nicht zuletzt das Kosten-Nutzen-Verhältnis für die Wahl des Fernerkundungssystems entscheidend. Nach einer kurzen Übersicht über optische Fernerkundungssysteme werden verschiedene Anwendungsbeispiele hochauflösender Systeme (vom Satellit und vom Flugzeug aus) für die Raumplanung vorgestellt und durch ein Demonstrationsbeispiel eines hochauflösenden Flugzeugradarsystems, zur Vorbereitung einer Satellitenmission, ergänzt.

Manfred Keil

Selected examples of the use of high-resolution remote sensing data for town-&-country planning and mapping of land usage

In recent years, in addition to aircraft-borne remote sensing systems, remote sensing by satellite has advanced from several metres to one metre in the area of spatial resolution. This opens up new fields of application for town-&-country planning, even in densely populated Europe. For many questions, however, not only spatial resolution, but also the thematic informational content, the breadth of the spatial overlapping and not least the cost/benefit ratio are all decisive factors in the selection of the remote sensing system. After a brief survey of optic remote sensing systems, various examples of applications of high-resolution systems (both from satellites and from aircraft) are presented for town-&-country planning, and, as preparation for a satellite emission, supplemented by a demonstrative example of a high-resolution aircraft radar system.

Gotthard Meinel

Erstellung landesweiter IRS-1C-Satellitenbildmosaike und ihre Anwendung in der räumlichen Planung

Es wird die Technologie zur Erstellung landesweiter Bildmosaike auf Basis von IRS-1C-Satellitenbilddaten vorgestellt. Das Mosaik umfasst die Fläche des Freistaates Sachsen einschließlich eines Umlandsaumes von 10 km Breite (Gebietsausdehnung: 250 km x 200 km, Bildfläche: 26 700 km²). Insbesondere wird auf die Optimierung der Bildauswahl unter der Forderung einer vollständigen Abdeckung großer Flächen, die Georeferenzierung der Bilddaten mit der erreichbaren Entzerrungsgüte, die Mosaikierung sowie die Erstellung von Bildfusionsprodukten aus panchromatischen und multispektralen IRS-1C-Daten eingegangen. Durch Anwendung einer Bildkompression (MrSID von LizardTech) wird eine sehr praktikable Handhabung der riesigen Datenmengen in GI-Systemen möglich. Im zweiten Teil wird die Anwendung des Bildmosaiks in der räumlichen Planung erläutert sowie Nutzererfahrungen zusammengetragen. Auf einige Anwendungen wie die Beurteilung der Auslastung von Gewerbegebieten, die Ableitung von Siedlungsgrenzen, die Datennutzung bei Erstellung und Fortführung von digitalen Raumordnungskatastern sowie eine Stadtstrukturtypisierung auf Basis der Bilddaten wird eingegangen.

Gotthard Meinel

Providing nation-wide IRS-1C satellite image mosaics and their application in town-&-country planning

The technology is presented for providing nation-wide image mosaics based on IRS-1C satellite image data. The mosaic covers the area of the Free State of Saxony, including a strip skirting the border 10 km wide (extent of the area: 250 km x 200 km, imaging area: 26,700 km²). It goes, in particular, into the details of the improvement of the image selecting system, under a demand of complete coverage of large areas, the geo-referencing of the image data with the rectification quality achievable, the mosaicing and the preparation of image fusion products from panchromatic and multispectral IRS-1C-data. Through the use of an image compression system (MrSID from LizardTech), very convenient handling of the giant amounts of data is possible in GI-systems. In the second part, application of the image mosaic in town-&-country planning is explained, and there is a compilation of users' experiences. It goes into several applications, including the assessment of the utilisation of capacities of industrial districts, deriving the borders of housing estates, using data when preparing and carrying forward digital land registers for town-and-country planning as well as a typification of urban structure based on image data.

Peter Reiß

Bereitstellung räumlicher Informationen für die Raumplanung – Stand und Entwicklungen aus der Sicht der Landesvermessung

Die Aufgabe der Landesvermessung ist es, die Landesfläche aufzunehmen, in Karten darzustellen sowie als Geobasisdaten in EDV-lesbarer Form vorzuhalten und bereitzustellen. Damit ist sie in der Lage, vielfältige räumliche Informationen für Planungsaufgaben zu liefern. Im vorliegenden Beitrag wird dabei speziell das Angebot des Bayerischen Landesvermessungsamtes an Luftbildern und daraus abgeleiteten Produkten – Digitalen Orthophotos und Luftbildkarten – vorgestellt. Darüber hinaus werden Ergebnisse einiger Pilotprojekte präsentiert, bei denen Satellitenbilddaten und Radardaten auf ihre Eignung für die Aktualisierung des amtlichen Geographischen Informationssystems ATKIS® der Vermessungsverwaltungen der Bundesrepublik Deutschland untersucht wurden.

PETER REIß

Providing spatial information for town-&-country planning – the current standing and developments from the perspective of the state survey

The task of the state survey is to record the surface of the state, to describe this on maps, and to keep it available as geo-base-data in a form legible by data processing. As a result, it is able to supply varied spatial information for planning tasks. This article presents, in particular, the offer by the Bavarian State Surveyor's Office of aerial photographs and products derived from them – digital orthophotos and aerial photo maps. In addition, the results are presented of several pilot projects in which satellite image data and radar data were examined for their suitability for updating the official Geographic Information System, ATKIS® of the Surveying Administration Office of the Federal Republic of Germany.

TONI BREUER, CARSTEN JÜRGENS

Bemerkungen zum Einsatz von getragenen Fernerkundungsverfahren in Raumordnung und Landesplanung

Auf zahlreiche Fragen gilt es Antworten zu geben: Wo werden Fernerkundungsdaten in der Planung eingesetzt? Welche Möglichkeiten eröffnet die dritte Generation von Fernerkundungssatelliten für die regionale und örtliche Planung? Warum ist die Akzeptanz von Satellitenbild-Daten in der behördlichen Planung so gering? Wie sehen Strategien für die Zukunft aus? Forschung und Praxis müssen noch weiter aufeinander zugehen.

TONI BREUER, CARSTEN JÜRGENS

Remarks on the use of remote sensing methods supported in town-&-country planning and nation-wide planning

It is necessary to provide answers to numerous questions: Where will remote sensing data be used in planning? What possibilities are opened up by the third generation of remote sensing satellites for regional and local planning? Why is the acceptance of satellite image data so low in government planning? What do strategies for the future look like? Research and actual practise have to reach out to one another even more.

Axel Relin, Andreas Lippert

Satellitendaten der neuesten Generation – was darf die Raumplanung erwarten?

Raumordnung und Landesplanung sind als Querschnittsplanungen an praktisch allen überörtlich bedeutsamen Projekten beteiligt. Die Fernerkundung kann dazu aktuelle Abbildungen der Erdoberfläche anbieten, die einen unvergleichlichen Überblick über die Raumstruktur geben.

Bis in die sechziger Jahre waren Luftbilder die einzigen verfügbaren Träger fernerkundlich erhobener Informationen. Nach dem 2. Weltkrieg trat zu den bewährten S/W-Aufnahmen die Luftbildphotographie mit Farb- und Farbinfrarotfilmen hinzu. Die bemannte Raumfahrt in den sechziger Jahren lieferte die ersten Bilder der Erde aus dem Weltall, die noch mit handgehaltenen Kameras als Schrägbilder aus Raumkapseln aufgenommen wurden. Obwohl die kleinmaßstäbigen Aufnahmen nur geringen wissenschaftlichen oder praktischen Wert besaßen, zeigten sie, welches Potential in der Technik der Weltraumaufnahmen steckte.

Während bemannte Raumfahrzeuge meist nur einen Anteil der Erde bis zu 35° nördlich oder südlich des Äquators überfliegen, sind Satelliten mit entsprechenden Orbitparametern praktisch alle Gebiete zugänglich. Ein satellitengestützter Sensor liefert Daten für sehr große Gebiete und über sehr lange Zeiträume. Im Gegensatz dazu boten bemannte Missionen immer nur eine sehr begrenzte Flugdauer.

Einen Meilenstein für die Fernerkundung setzte der 1972 gestartete amerikanische Erderkundungssatellit Landsat 1 (ursprünglich als ERST bezeichnet). Mit diesem Satelliten wurden systematische Aufnahmen aus dem Weltraum für zivile Nutzer zugänglich. Der Sensor MSS des ersten Vertreters der Landsat-Serie lieferte Bilder mit einer Auflösung von 80 Metern im sichtbaren und infraroten Teil des elektromagnetischen Spektrums. Dabei wurden kontinuierlich 180 km breite Streifen der Erdoberfläche aufgenommen. Alle 16 Tage wird dabei derselbe Punkt erneut überflogen.

Seit Landsat 1 hat sich die Zahl der Satellitensysteme und ihrer Sensoren stark erhöht. Die technische Entwicklung ermöglichte auch die Verbesserung der drei wichtigsten Parameter eines Aufnahmesystems, der räumlichen, zeitlichen und der spektralen Auflösung.

Die räumliche Auflösung beschreibt, welche Seitenlänge die annähernd quadratische Fläche auf der Erdoberfläche hat, die auf einen einzelnen Bildpunkt der digitalen Satellitenaufnahmen abgebildet wird. Da dieser Wert entscheidend für den Verwendungszweck eines Satellitenbildes ist, wird er meist ohne weitere Bezeichnung einfach „Auflösung" genannt. Mit der zeitlichen Auflösung ist der Zeitraum gemeint, nach dem erneut eine Aufnahme des selben Ortes gewonnen werden kann. Ältere Sensoren blicken aus dem Satelliten senkrecht nach unten, die zeitliche Auflösung entspricht somit in unseren Breiten der Zeit, nach der die Stelle in der Umlaufbahn, an der die vorhergehende Aufnahme gemacht wurde, wieder erreicht ist (im Falle des oben genannten Landsat 16 Tage). Neuere Sensoren sind im Satelliten schwenkbar montiert, so dass bei entsprechender Programmierung die zeitliche Auflösung weit darunter liegt. Die spektrale Auflösung schließlich beschreibt, wie genau das unterschiedliche Reflexionsverhalten eines Objektes für elektromagnetische Strahlung vom Sensor abgebildet wird. Der sichtbare Anteil des Lichtes wird üblicherweise in je einen Kanal für den blauen, grünen und roten Anteil aufgelöst. Für die Differenzierung von Vegetation und die Trennung von Vegetation von unbelebten Objekten sind Kanäle im nahen und mittleren Infrarot wünschenswert. Da der Blauanteil des sichtbaren Lichtes aber stark

■ Satellitendaten der neuesten Generation – was darf die Raumplanung erwarten?

von der Streuung in der Atmosphäre (z.B. an Dunst) betroffen ist, wird er bei einigen Sensoren nicht berücksichtigt. Werden dann Satellitenbilder gewünscht, die dem Farbeindruck des Menschen entsprechen (Echtfarbendarstellung) wird mit Mitteln der digitalen Bildverarbeitung ein künstlicher Blaukanal erzeugt.

Tab. 1: Entwicklung der räumlichen Auflösung bei Erderkundungssatelliten seit 1972

	Satellit / Sensor	Auflösung
1972	Landsat 1 / MSS	80 m
1982	Landsat 4 / TM	30 m
1986	Spot 1 / Pan	10 m
1990	*KFA-1000 **	*7 – 10 m*
1995	IRS-1C / Pan	5,8 m
1995	*KVR-1000, KFA-3000 **	*2 m*
1999	*IKONOS / Pan*	*1 m*

* Bei den kursiv gedruckten Sensoren handelt es sich um Einzelmissionen, die analoge Aufnahmen auf photographischem Film lieferten. Die Bilder wurden für die Weiterverwendung anschließend gescannt.

Die Tabelle zeigt anschaulich den Trend zu immer feiner auflösenden Systemen. Alle genannten Sensoren mit Ausnahme der Einzelmissionen werden aber noch immer betrieben. Ein „MSS" wurde auch nach Einführung des „TM" („Thematic Mapper") auf den Landsat-Satelliten weiter eingebaut, um lange, direkt vergleichbare Zeitreihen zu erhalten. Die Aufzeichnung von Daten dieses Sensors auf Landsat 5 wurde erst 1999 eingestellt. Von der französischen Spot-Baureihe stehen inzwischen auch Spot 2 und 4 in Dienst, der IRS-1C wird durch den baugleichen IRS-1D ergänzt.

Die „Pan"-Sensoren aus der Tabelle ermöglichen zu ihrer Zeit jeweils einen Sprung zu erheblich besserer Auflösung. Sie liefern panchromatische Aufnahmen, d.h. der Sensor ist nicht nur für einen schmalen Teil des Spektrums empfindlich, sondern für das gesamte sichtbare Licht oder die Bereiche Grün, Rot und Nahes Infrarot. Die Aufnahmen von diesen Sensoren entsprechen vom Bildeindruck einem herkömmlichen S/W-Bild. Damit wird dem Umstand Rechnung getragen, dass pro Flächeneinheit von der Erde nur ein bestimmtes Maß an elektromagnetischer Energie reflektiert wird. Soll bei gegebener Empfindlichkeit der Sensoren die Fläche verkleinert werden, auf der noch Helligkeitsunterschiede beobachtet werden können, muss zum Ausgleich mehr Energie von dieser Fläche zur Verfügung stehen. Durch eine Sensibilisierung des Sensors für größere Spektralbereiche wird dieser Ausgleich geschaffen.

Satelliten mit Pan-Aufnahmesystemen verfügen immer auch über Sensoren, die für einzelne Spektralkanäle sensibilisiert sind. Der Spot-Sensor „XS" (seit Spot 4 als „XI" mit einem zusätzlichen mittleren Infrarotkanal) bietet 20 m Auflösung, der Multispektralsensor „LISS" der IRS-Satelliten 23,5 m. Der Multispektralsensor „TM" ist seinerseits beim neuen Landsat 7 um einen panchromatischen Kanal erweitert worden, der mit 15 m eine doppelt so hohe Auflösung wie die übrigen Kanäle hat.

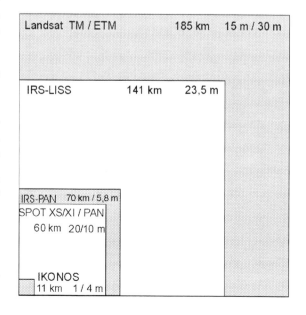

Vergleich der mit einer Satellitenszenen abgedeckten Flächen

Eng verbunden mit der räumlichen Auflösung der satellitengestützten Sensoren ist die Breite des Streifens, der bei einem Überflug auf der Erdoberfläche aufgenommen wird. Da nur eine begrenzte Menge an Daten gleichzeitig übertragen werden kann, sind die Bildstreifen bei höher auflösenden Systemen schmäler. Satellitendaten werden in der Regel in quadratischen „Szenen" vertrieben, deren Länge der Breite des Aufnahmestreifens entspricht.

Der Pan-Sensor der IRS-Satelliten, die Spot- und IKONOS-Sensoren sind schwenkbar. Damit wird die geringere Streifenbreite gegenüber der weiten Abdeckung des Landsat TM zum Teil ausgeglichen. Die Programmierung ist aber nur ein Kompromiss zwischen häufiger Aufnahme desselben Ortes oder gleichmäßiger Aufnahme immer anderer Gebiete.

Überblick über die Verfügbarkeit

Aktuell sind Multispektraldaten im Bereich der hochauflösenden optischen Systeme (mit 20-30 m Auflösung) von Landsat 5 und 7, von Spot 1, 2 und 4 und von IRS-1C und D erhältlich. Die ebenfalls auf diesen Satelliten (mit Ausnahme von Landsat 5) vorhandenen Pan-Sensoren liefern Daten mit 5,8 bis 15 m Auflösung. Darüber hinaus stehen Daten von den Radarsatelliten ERS2 und Radarsat mit Bodenauflösungen von 12 – 30 m zur Verfügung.

Seit Beginn des Jahres 2000 sind erstmals Satellitendaten mit einer Auflösung von 1 m kommerziell verfügbar. Die Daten des IKONOS-Systems werden weltweit über Systemprogrammierung im Kundenauftrag erhoben und nach erfolgreicher Aufnahme als geometrisch korrigierte Datensätze unterschiedlicher Genauigkeiten ausgeliefert. IKONOS verfügt außer dem 1 m – Pan – Sensor auch über einen Multispektralsensor mit 4 Metern räumlicher Auflösung. Die Breite des Aufnahmestreifens beträgt 11 km.

Die Kataloge der Satellitenbetreiber mit allen bereits vorhandenen Aufnahmen sind über das Internet direkt zugänglich. Die Kataloge bieten Recherchemöglichkeiten nach Interessegebieten, Aufnahmezeitpunkten oder Sensoren. Die angebotenen „Quicklooks" ermöglichen einen schnellen Überblick über Abdeckung, Qualität und eventuelle Wolkenschleier der Originalszenen.

Beim IKONOS-System können vor dem Hintergrund, dass Daten nur auf Bestellung erhoben werden, Archivbilder nur dann bezogen werden, wenn diese Gebiete durch vorangegangene Bestellungen schon abgedeckt wurden.

Tab. 2: Überblick über die aktuellen (Januar 2001) Preise für Satellitendaten-Standardprodukte

Satellit	Sensor	Spektralbereich	Auflösung	Abdeckung einer Szene (km x km)	Preis je Szene	Preis je km² ab
Landsat 5	TM	Multispektral	30 m	173 x 183	$ 1000 - $ 2500	$ 0,03 - $ 0,08
Landsat 7	ETM+	Pan	15 m	173 x 183	$ 600	$ 0,02
Landsat 7	ETM+	Multispektral	30 m	173 x 183	$ 600	$ 0,02
Spot	HRV	Pan	10 m	60 x 60	EUR 2.600	EUR 072
Spot	HRV	Multispektral	20 m	60 x 60	EUR 2.600	EUR 0,72
IRS-1C/D	PAN	Pan	5,8 m	70 x 70	EUR 2.500	EUR 0,51
IRS-1C/D	LISS	Multispektral	23,5 m	70 x 70	EUR 2.700	EUR 0,55
Diverse	KVR-1000	Pan	2m - 3m	40 x 40	Mindestabnahme 100 km²	$ 15
IKONOS		Pan	1 m	11 x 11	$ 4114	$ 39
IKONOS		Multispektral	1 m	11 x 11	$ 4114	$ 39

▪ **Satellitendaten der neuesten Generation – was darf die Raumplanung erwarten?**

Von vielen Sensoren sind auch Teilszenen erhältlich. Für ältere Datensätze werden in der Regel erhebliche Rabatte gewährt, Sonderleistungen dagegen wie hochgradige geometrische Korrekturen oder Programmierwünsche (bei Spot) werden zusätzlich berechnet.

Als Ergänzung zu den neuen höchstauflösenden Daten stehen auch mit Hilfe der digitalen Bildverarbeitung erzeugte Kombinationen aus den hochauflösenden Pan- und Multispektraldaten zur Verfügung (Merges). Diese Bilder vereinen die hohe räumliche Auflösung der Pandaten mit der Farbinformation der Multispektraldaten. Dieses Datenprodukt wird für Deutschland laufend erzeugt und ist entsprechend schnell lieferbar. Bei der Verwendung von IRS-1C/D-Daten mit 5 m und 23 m Auflösung sind Kartierungen bis zum Maßstab von 1:25.000 möglich. Der Datensatz umfasst eine Fläche von 70 km x 70 km und kostet 4.000 EUR. Der Preis beinhaltet das Bildkomposit, die Original-Pan- und Multispektraldaten und Kontrollpunkte für die Entzerrung. Von IKONOS ist ein ähnliches Datenprodukt mit 1 m / 4 m Auflösung für $ 4.600 je 11 km x 11 km – Szene lieferbar.

Die Satellitenbetreiber im Sektor der hochauflösenden Daten sind zumeist staatlich getragene, aber kommerziell agierende Unternehmen, während hinter den höchstauflösenden Systemen in der Regel Firmen aus dem Umfeld der Raumfahrtindustrie stehen, die über staatliche Garantien für die Abnahme von Daten verfügen.

Der Münchner Hofgarten auf Satellitenbildern des IRS-Satelliten: als 23 m-LISS-Multispektraldatensatz, als 5 m-Pan-Bild und als 5-m-Bildkomposit mit den Farben des 23 m-Bildes (von links nach rechts). Die Bilder zeigen einheitlich einen Ausschnitt von 0,5km x 0,5km. Alle Bilder © Antrix, SI, Euromap, GAF 2000.

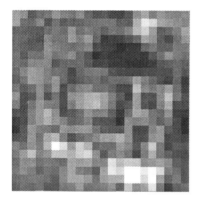  

Das weltweite Marktvolumen bei den hochauflösenden optischen Daten liegt weltweit bei ca. 80 Mio. DM. Auf Europa entfallen davon etwa 18 Mio. DM. Prognosen lassen für die Zukunft ein bis zu 50-faches Volumen erwarten. Ob die privatwirtschaftlich getragenen Initiativen zum Anbieten von höchstauflösenden Daten (um 1 m Auflösung) auf Dauer tragfähig sind, kann bis jetzt noch nicht beurteilt werden.

Entwicklungstrends

Ungeachtet des ungewissen wirtschaftlichen Erfolges der höchstauflösenden Daten steht eine Welle privater Investitionen gerade in diesem Bereich der Satellitensensoren an. Tab. 3 gibt einen Überblick über die in nächster Zukunft zu erwartenden Satellitensensoren.

Tab. 3: Auswahl der geplanten hochauflösenden Satellitensysteme

Satellit	Hersteller	Inbetriebnahme	Spektralbereich	Auflösung	Breite des Aufnahmestreifens (km)
EO-1	US	2001	Pan	10 m	37
EO-1	US	2001	Multispektral	30 m	37
IRS-P6	India/US	2001	Pan	2,5 m	30
OrbView-4	Orbimage	2001	Pan	1 m	Mind. 12,5
OrbView-4	Orbimage	2001	Multispektral	4 m	Mind. 12,5
Spot-5	Spot Image	2002	Pan	5 m	2x60 km
Spot-5	Spot Image	2002	Multispektral	10 bzw. 20 m	2x60 km
Rapid Eye	Rapid Eye, München	2002	Multispektral		-

Relevanz für die Raumplanung

Die Raumplanung befindet sich im Spannungsfeld zwischen politischen und landesplanerischen Vorgaben, Wünschen der Fachplanungen und den tatsächlichen Bedingungen des Raumes. Sie muss ständig die Wechselwirkungen zwischen punktuellen oder linearen Planungsvorhaben und dem ganzen Raum beachten. Während der Planungsvorgänge ist dazu ein breites Spektrum an Unterlagen notwendig, die idealerweise flächendeckend verfügbar sein sollten. Üblich sind dabei die topographischen Karten der Landesvermessungsämter in verschiedenen Maßstäben und eine Fülle an Einzelinformationen. Topographische Karten dienen nicht nur dem Entnehmen von Informationen für den Raumplaner, sondern auch als Grundlage für Ausgabemedien z.B. für die regionalplanerischen Festlegungen.

Das Medium Karte offenbart dabei einige typische Schwächen. Der Aktualisierungsrhythmus von ca. fünf Jahren für die TK50 ist in dynamisch wachsenden Regionen schon oft zu lang. Die notwendige Generalisierung und Schematisierung der Einzeichnungen gibt zudem die Beanspruchung des Raumes durch Siedlungen, Verkehrsflächen und Infrastruktureinrichtungen aller Art nur unvollständig wieder.

Satellitendaten können hier wirkungsvoll eingesetzt werden. Wird eine wirklich aktuelle Darstellung eines großen Raumes benötigt, gibt es fast keine Alternative zu ihnen. Die neuen höchstauflösenden Systeme können auch großmaßstäbige Unterlagen liefen, die bisher nur aus Luftbildern gewonnen werden konnten, die aber ihrerseits für kleine Gebiete oder begrenzte Fragestellungen unwirtschaftlich anzufertigen gewesen wären. Als bildhafte Darstellungen des Raumes, die alle Elemente der Landschaft ohne Generalisierung enthalten, eignen sie sich sehr gut zur Vorbereitung von Geländebegehungen oder als Kommunikationsmittel zwischen Planern untereinander oder zwischen Planern und der Öffentlichkeit.

Hoch- und höchstauflösende Satellitenbilder verbinden die leichte Orientierungsmöglichkeit und die Einfachheit der Einzeichnung weiterer Inhalte mit Detailreichtum und der Beweiswirkung einer Photographie. Als Beispiel sei die Zerschneidung von freizuhaltenden Grünzügen oder ge-

■ Satellitendaten der neuesten Generation – was darf die Raumplanung erwarten?

Ein Ikonos-Satellitenbild vom Juni 2000 mit einem Ausschnitt der Innenstadt Münchens. Das Bild wurde von Space Imaging Europe (SIE), über die Empfangsstation in Athen, Griechenland, aufgenommen. Es wurde als aktuelle Planungsgrundlage von dem Architekturbüro Hauschild+Boesel, München, für eine Studie zur Bebauung entlang der Bahntrasse genutzt. Die Abbildung zeigt eine frühe Entwurfsskizze der Architekten: Durch Überlagerung von CAD-Daten und Satellitendaten werden frühzeitig Planungsabsichten im Umgebungskontext überprüfbar.
© SIE, GAF, Hauschild+Boesel 2000.

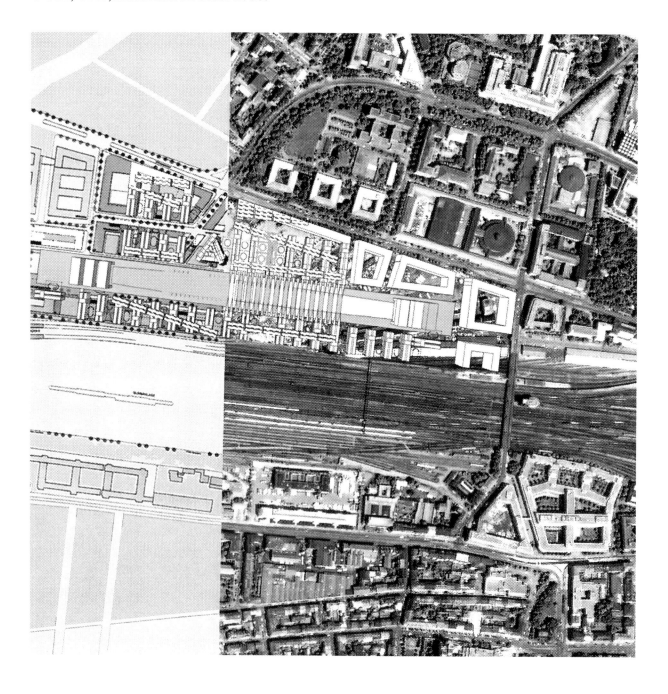

schlossenen Waldgebieten genannt. Der tatsächliche Stand der Zerschneidung eines vermeintlich homogenen Bereiches erschließt sich aus der Karte nur einem geübten Bearbeiter. Betrachtet man dasselbe Gebiet auf einer Satellitenaufnahme, fallen lineare Elemente wie Hochspannungs- oder andere Leitungstrassen, der Umfang des Wegenetzes und die Ungleichmäßigkeit der Vegetationsbedeckung sofort ins Auge.

Mit hochwertigen Korrekturverfahren kann ein Satellitenbild geometrisch so weit verbessert werden, dass es wie eine Karte gehandhabt werden kann. Es eignet sich so zum Messen von Strecken oder Flächen. Damit ist auch die Voraussetzung gegeben, ein oft schon vorhandenes Geographisches Informationssystem (GIS) um eine Ebene mit einem Satellitenbild zu ergänzen. Werden die vorhandenen Informationen und das Bild überlagert dargestellt, entsteht automatisch ein aktueller Raumbezug.

Preiswerte, für spezielle Aufgabenstellungen zugeschnittene Softwarepakete und neue Komprimierungstechniken erlauben die Verwendung umfangreicher Datensätze, wie sie bei großen Flächenabdeckungen entstehen, auf praktisch jedem Büro-PC. Hoch- und höchstauflösende Satellitendaten der neuesten Generation sind somit die ideale Ergänzung der bisherigen Planungsunterlagen in der Raumordnung und Landesplanung.

MANFRED KEIL

Ausgewählte Beispiele der Nutzung hochauflösender Fernerkundungsdaten für die Raumplanung und Landnutzungskartierung

1. Einleitung

Die Satellitenfernerkundung und auch die flugzeuggetragene Fernerkundung sind in den letzten Jahren in immer weitere Bereiche der räumlichen Auflösung vorgedrungen. Mit dem erfolgreichen Start von IKONOS-2 stehen seit ca. Anfang des Jahres 2000 zum ersten Mal Bildprodukte einer operationellen Satellitenplattform mit Auflösungen von 1 m im panchromatischen Kanal und 4 m in drei spektralen Kanälen (inklusive einem Infrarotkanal) zur Verfügung. Diese Sensoren im Meter-Bereich, im Vergleich zu Satellitenbildern mit etwa 10-30 m Auflösung auch als höchstauflösend bezeichnet, bieten auch für die Fragestellungen der Raumplanung in dichtbesiedelten mitteleuropäischen Verhältnissen ein stark erweitertes Nutzungspotential. Von der günstigeren Kostenseite und auch der großflächigeren Überdeckung her sind aber auch andere Satellitendaten zu nennen, die durch die Kombinationsmöglichkeit von hochauflösender panchromatischer und zusätzlicher multispektraler Information in Projekten der räumlichen Planung Eingang gefunden haben. Dies sind u. a. die Daten der indischen Satelliten IRS-1C bzw. IRS-1D (Start: 1995 bzw. 1997).

Weitgehende Verbesserungen wurden aber auch hinsichtlich des thematischen Informationsgehalts bei optischen Sensoren erreicht, insbesondere bei flugzeuggetragenen Systemen. Hier gingen die Entwicklungen in Richtung von Vielkanalsystemen, die einen breiten Spektralbereich im sichtbaren und infraroten Bereich, teilweise bis ins thermische Infrarot, abdecken.

Im vorliegenden Beitrag wird zunächst eine kurze Übersicht über optische Fernerkundungssysteme gegeben und deren Kenndaten diskutiert. Anhand einiger Beispiele wird sodann die Nutzung von hochauflösenden Satellitendaten und Flugzeugscannerdaten für Fragen der Raumplanung und Landnutzungskartierung vorgestellt. Zum Abschluss wird anhand eines Projektbeispiels auf eine weitere neuere Technologieentwicklung in der Fernerkundung eingegangen, auf den Einsatz eines hochauflösenden mehrfrequenten Radarsystems vom Flugzeug aus, hier zu Fragestellungen der Vegetationskartierung in Vorbereitung einer geplanten Satellitenmission verwendet.

2. Übersicht über hochauflösende optische Fernerkundungssysteme

In den letzten Jahren haben sich die Anforderungen von vielen Fernerkundungsnutzern nach höherer räumlicher Auflösung der Daten in der Entwicklung einer Reihe hochauflösender optischer Systeme niedergeschlagen. Dies wurde unter anderem ermöglicht durch die neuen Möglichkeiten der Breitband-Kommunikation und der Bilddaten-Aufnahmetechnik. Eine neue Ära der operationellen Satellitenfernerkundung war zunächst 1982 / 1984 mit dem Landsat Thematic Mapper der NASA auf Landsat-4 und Landsat-5 eingeleitet worden, einem System mit 7 Spektralkanälen, davon sechs in der räumlichen Auflösung von 30 m x 30 m (Kenndaten siehe Tab. 1, die Lage der Spektralkanäle in Abb. 1). Hervorzuheben sind hier neben den sichtbaren Kanälen und einem im nahen Infrarot die zwei Kanäle im mittleren Infrarot, die sensibel für Unterschiede in den Feuchtebedingungen und der mineralogischen Zusammensetzung der Bodenoberfläche sind. Der Kanal im thermischen Infrarot hat eine Auflösung von 120 m.

Tab.1: Beispiele hoch- und höchstauflösender optischer Sensoren auf Satelliten- und Flugzeugplattformen und ihre Charakteristika (räumliche Auflösung für die bestaufgelösten Kanäle multispektral / panchromatisch)

Mission	Start	Sensor	Kan.-anz.	Spektralbereich	Schwadbreite	Räumliche Auflösung	Stereofähigk.
Landsat-4/-5	1982/84	TM	7	0.45 -12.5 µm	185 km	30 m	nein
SPOT-1	1986	HRV /PAN	4	0.5 -0.89 µm	117 km	20 m/ 10 m	ja
IRS-1C	1995	LISS / PAN	5	0.52 -1.7 µm	140/ 70 km	23 m / 6 m	nein
Landsat-7	1999	ETM+	8	0.45 -12.5 µm	185 km	30 m / 15 m	nein
MIR	1996	MOMS-2P	4	0.45 - 0.9 µm	36-105 km	13 m / 4.3 m	ja
RESURS F1		KFA-1000	2	0.57-0.81 µm	80 km	6-8 m	ja
RESURS F2		MK-4	4	0.51-0.90 µm	150 km	8 m	ja
COSMOS		KVR-1000	1	0.49-0.59 µm	40 km	2 m	ja
Ikonos-2	1999	OSA	4	0.45 - 0.9 µm	13 km	4 m/ 1 m	ja
Airborne		Daedalus	11	0.4 -µm	var.	0.5 - 10 m	nein
Airborne		DAIS 7915	79	0.4 -12 µm	var.	5-20 m	nein
Airborne		HyMap	128	0.4 -2.5 µm	var.	5-20 m	nein
Airborne		HRSC-A	9	0.4 - 1.0 µm	var.	0.15 - 1 m	ja

In diesem Zeitraum wurden mit dem MOMS-System auch die ersten Sensoren mit der neuen CCD-Detektoraufnahme-Technologie im Weltraum eingesetzt, die Kamera MOMS-01 (Modular Optoelectronic Multispectral Scanner) des DLR wurde auf jeweils einwöchigen Missionen im Juni 1983 und im Februar 1984 betrieben. Die französische Weltraumorganisation CNES führte 1986 als erste mit SPOT-1 die CCD-Technologie auf einer Langzeit-Satellitenmission ein (KRAMER 2000). Die Kombination eines panchromatischen Kanals von 10 m Auflösung (SPOT PAN) und drei Spektralkanälen mit 20 m Auflösung (SPOT HRV) wurde in vielen Regionen in der dritten Welt, auch in Ballungsräumen, für Kartierungszwecke eingesetzt.

Im Rahmen des Langzeitprogramms der indischen Raumfahrtorganisation ISRO wurden dann erfolgreich IRS-1C (Dezember 1995) und IRS-1D (September 1997) gestartet, die sich zusätzlich zu dem multispektralen Instrument LISS-III (Auflösung 23.5 m bzw. ein Kanal im mittleren Infra-

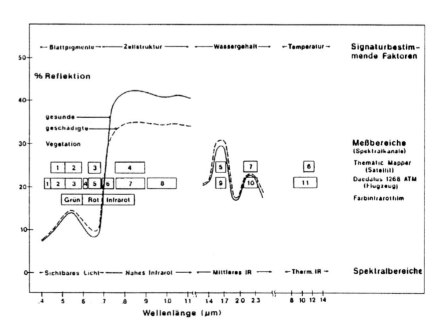

Abb. 1: Lage der Spektralkanäle von Landsat TM und dem flugzeuggetragenen Daedalus ATM System, am Beispiel von zwei typischen Signaturkurven von Vegetation

rot 70 m) durch die hohe Auflösung des PAN-Sensors von 6 m auszeichnen. Das Landsat-Programm zog bei Landsat-7 mit dem Enhanced Thematic Mapper (ETM+) ebenfalls mit einem zusätzlichen panchromatischen Kanal (Auflösung 15 m) gegenüber Landsat-5 TM nach. Zu erwähnen ist, dass auch der Thermalkanal beim ETM+, wichtig z. B. für stadtklimatologische Anwendungen, eine verbesserte Auflösung von jetzt 60 m gegenüber 120 m hat.

Hier seien auch die diversen hochauflösenden russischen Systeme genannt, die als optische Kamerasysteme auf der Raumstation MIR und auf RESURS-Satelliten (KFA 1000, MK 4) sowie auf dem Satelliten COSMOS (KVR-1000, nur panchromatisch, Auflösung 2 m) betrieben wurden (siehe Tab. 1). Diese Aufnahmen, die jeweils zunächst auf Filmen abgespeichert wurden, sind allerdings nur teilweise mit größerer Flächendeckung verfügbar.

Nach der Beendigung des kalten Krieges ist es zu einer Annäherung von militärischen und zivilen Erdbeobachtungssystemen gekommen, was sich in verstärkten Entwicklungsbemühungen von Systemen im Meter-Bereich niedergeschlagen hat. Insbesondere in den USA haben sich in den letzten Jahren kommerzielle Firmen auf dem sich schnell entwickelnden Markt für räumliche Informationen als Satellitenbetreiber engagiert. Ganz so rapide, wie vor 3-4 Jahren vorhergesagt worden ist, ist der Einsatz hochauflösender Systeme (siehe z. B. FRITZ 1997) aber doch nicht vorangeschritten. Dies war vor allem durch eine Reihe von Fehlstarts bzw. Fehlaktivierungen bedingt, die insgesamt zu Verzögerungen geführt haben (Fehlaktivierung von Early Bird Dezember 1997, Fehlstart von IKONOS-1 im April 1999, Fehlstarts von Quickbird 1 und Quickbird 2 1999/2000). Auch der Betrieb des MOMS-2P-Systems auf dem Priroda-Modul der russischen MIR-Station (ab April 1996) war von der Datenverfügbarkeit her nur zum Teil mit dem erhofften Erfolg gekrönt. Die optischen Experimente mussten häufig aufgrund anderer Experimente zurückstehen und waren auch von den Problemen auf der MIR mit betroffen, das System lieferte aber brillante Bilder (MOMS-2P 2000).

Der erfolgreiche Start von IKONOS-2 im September 1999 hat diesem System mit der Auflösung von 1 m im panchromatischen Kanal und 4 m im multispektralen Bereich eine Dominanzrolle bei Satellitendaten im Bereich um 1 m gegeben, der Wert des Systems liegt zusätzlich in der vorhandenen Stereoüberdeckung. Insbesondere die vorliegenden Datensätze im Bereich städtischer Agglomerationen weisen auf den großen Einsatzbereich z. B. für Stadtmodelle und städtische Planung hin. Während im europäischen Bereich IKONOS-2 stark durch die Konkurrenz der traditionellen Luftbilderfassung (hier: Farbinfrarotaufnahmen gemäß den Spektralkanälen von IKONOS-2) gekennzeichnet ist, relativieren sich die hohen Datenkosten gegenüber Ortho-Luftbildaufnahmen in der dritten Welt durch die wegfallenden zusätzlichen Mobilisierungskosten bei Luftbildbefliegungen.

Ein Blick in die Tab. 1 zeigt aber, dass die hohe Auflösung bei IKONOS-2 und die damit verbundene hohe Datenrate mit einer recht schmalen Schwadbreite von 13 km einhergeht. Dies erschwert eine großräumigere regionale Überdeckung, die dann nur mit einem Mosaik mehrerer Szenen möglich ist, und weist darauf hin, dass die notwendige sorgfältige Auswahl von Sensoren und Bildprodukten bleibt. Nicht zuletzt aus Kostengesichtspunkten ist je nach Aufgabenstellung zu prüfen, ob die hohe Auflösung notwendig ist (vgl. Tab. 2).

Tab. 2: Vergleich der Datenkosten von Landsat-7 ETM+, IRS-1C und IKONOS umgerechnet auf einen km² (noch nicht geokodierte Produkte gemäß Preislisten von EURIMAGE, Kombination von panchromatisch und multispektral (XS), Aufnahmen von Europa)

Sensor	LS-7 ETM+, PAN+XS	IRS-1C, PAN+XS	IKONOS, XS	IKONOS, PAN+XS
Kosten	0.02-0.05 EUR / km²	0.65 EUR / km²	18 US$ / km²	29 US$ / km²

Bei hochauflösenden optischen Fernerkundungssystemen spielen neben neueren Satellitenplattformen natürlich auch flugzeuggestützte Systeme eine größere Rolle. Hier zeichneten sich in den letzten Jahren zwei technologische Trends ab:

1. Die Verbesserung der multispektralen Information durch eine große Anzahl schmalbandiger Spektralkanäle bis zu hyperspektralen Systemen (auch als „abbildende Spektrometer" bezeichnet). Unter hyperspektral werden Aufnahmesysteme verstanden, die es ermöglichen, den optischen Spektralbereich der einfallenden Strahlung im Sensor in viele direkt angrenzende Bänder (ca. 20 bis 200 oder mehr) zu zerlegen, um somit die Interpretation der Daten um ein Vielfaches zu erhöhen (KRAMER 2000). Hier sind die Systeme DAIS vom DLR, AVIRIS von NASA JPL und das australische HyMap zu nennen (Tab. 1).

2. Die Verbesserung der räumlichen Auflösung, auch in multispektralen Kanälen, gekoppelt mit der Möglichkeit der Stereoaufnahme in Flugrichtung. Bei diesen Systemen ist in erster Linie das HRSC-A System des DLR zu nennen, das auf die Entwicklung der Marskamera HRSC zurückgeht (siehe Tab. 1).

Durch eine entsprechende Stabilisierung des Sensors im Flugzeug und die Aufzeichnung der Fluglagedaten sowie die Nutzung entsprechender Software für die geometrischen Korrekturen sind mittlerweile auch flugzeugbasierte Systeme in der Lage, georeferenzierte Bildprodukte zu liefern, die in geographische Informationssysteme integriert werden können. Gekoppelt mit der Stereofähigkeit (von HRSC-A z. B.), die eine Ableitung der Geländehöhen und eine DGM-Modellierung gestattet, lassen sich sogar hochgenaue orthorektifizierte Produkte erstellen. Als reine Alternative zu Ortho-Luftbildbefliegungen sind diese Systeme allerdings nicht zu sehen, der zusätzliche Wert liegt in der wesentlich erweiterten thematischen Information in den Spektralbändern, die je nach Aufgabe spezifisch ausgewertet werden kann, sich aber häufig mehr für spezielle Fragestellungen anbietet.

3. Beispiele der Nutzung von Satellitensystemen

3.1 Erfassung städtischer Dynamik mit Daten von Landsat, SPOT und IRS

Die Daten des Landsat TM haben auch in Europa in einer Reihe von Programmen zur Erfassung der Landbedeckung und Landnutzung Eingang gefunden, so im europäischen Programm CORINE Land Cover. Für die Bundesrepublik wurde die Ersterfassung mit Landsat TM - Daten von 1990 bis 1993 im Jahr 1997 abgeschlossen, sie beruhte auf der visuellen Interpretation mit nachfolgender Digitalisierung der Landnutzungseinheiten (DEGGAU 1997). Im Jahr 2001 soll die Nachführung in Deutschland starten. Der im europäischen Rahmen abgeleitete Interpretationsschlüssel weist 44 Landbedeckungsklasssen auf, der Zielmaßstab ist 1:100000. Von der räumlichen Auflösung von 30 m x 30 m pro Pixel kommt die Aussagefähigkeit der TM-Daten insbesondere für bebaute Flächen an ihre Grenzen, um die Daten für die Erfassung der Siedlungsdynamik und für Fragestellungen des Regionalplans einzusetzen. Hier bieten die Systeme von SPOT, IRS-1C/1D und auch seit 1999 der Landsat-7 ETM+ mit ihrem jeweils zusätzlichen panchromatischen Kanal eine wesentliche Verbesserung.

Die Informationen aus panchromatischem Kanal und den multispektralen Kanälen können dabei auf der Basis von getrennten Bildprodukten ausgewertet werden, die hochauflösende panchromatische Grundlage zur genaueren (rechnergestützten) Abgrenzung der Landnutzungseinheiten, die multispektralen Daten als Hilfe bei der thematischen Zuordnung.

Mittels einer Reihe unterschiedlicher Verfahren kann aber auch die panchromatische Information mit der multispektralen Information fusioniert werden, um auch ein Farbbild mit (künstlicher) erhöhter Auflösung als Interpretationsgrundlage zu erzeugen. Ein gängiges Verfahren ist dabei die spektrale Einmischung über eine IHS-Transformation: die RGB-Komponenten (rot, grün, blau) des Farbbildes werden in die Eigenschaften Intensität, Farbwert (englisch „hue") und Sättigung („saturity") transformiert, die Intensität durch die hochaufgelöste panchromatische Information ausgetauscht und dann eine Rücktransformation in RGB vorgenommen. Andere Verknüpfungen werden bei (MEINEL 2000) erläutert, hinsichtlich der spektralen / radiometrischen Güte wird hier ein Hochpassverfahren oder auch ein Verfahren der Hauptkomponententransformation als sehr günstig angesprochen.

Bei Landsat-7 kann durch die Einmischung des panchromatischen Kanals mit 15 m Auflösung die Interpretierbarkeit hinsichtlich Flächennutzungsänderungen wesentlich verbessert werden. Siedlungsbereiche werden durch die verstärkte Textur in den 15 m - Daten besser dargestellt. Dies kann für einen Szenenausschnitt aus dem Raum Wessling / Gilching, westlich von München, im Vergleich von Landsat-5 und Landsat-7 Bildprodukten aus den Jahren 1993 / 1999 nachvollzogen werden (Abb. 2). Das Bildprodukt aus 1999 beruht auf der Datenfusion mittels Hauptkomponententransformation.

Abb. 2: Raum Wessling/Gilching westlich von München in Landsat-Bildprodukten;
a) Landsat-5 Echtfarbkanäle 1993, b) Landsat-7 Sommer 1999, eingemischter panchromatischer Kanal (15 m) in die Echtfarbkanäle (Farbbilder in SW-Darstellung)

Der räumliche Detailliertheitsgrad bei Siedlungen ist bei SPOT und IRS-1C /-1D noch erhöht, wobei sich die bessere Auflösung von IRS PAN von ca. 6 m insbesondere bei der Straßendarstellung und der Erfassung der Wohnblockstrukturen bemerkbar macht. Als ein Beispiel für die Erfassbarkeit von Nutzungsänderungen ist in Abb. 3 der Hafenbereich von Kelheim und nördlicher Umgebung im Zeitvergleich von 1988 und 1998 mittels panchromatischen SPOT-1- und IRS-1C-Daten dargestellt. Sichtbar werden u. a. der Ausbau der Hafenanlagen an der Altmühlmündung in die Donau (ausgebaut als Teil des Rhein-Main-Donau-Kanals) und die Änderung der Hauptverkehrsführung nördlich des Hafens.

Die IRS-Daten mit PAN und multispektralen LISS -Daten haben sich bezüglich spektraler Information, Auflösung und Überdeckung in verschiedenen Projekten als kostengünstige Variante mit hohem Nutzungspotential erwiesen. So wird bei (MEINEL; HENNERSDORF; LIPPOLD 2000) die Erstellung eines landesweiten IRS-1- Satellitenbildmosaiks für Sachsen für Anwendungen in der Raumplanung beschrieben. Hier wurden multispektrale LISS-Daten als Grundlage für den Maßstabsbereich 1:100 000 genutzt, für den Maßstabsbereich 1:25 000 waren es Bildprodukte auf der Basis fusionierter LISS- und PAN-Daten (siehe auch den Beitrag MEINEL). Der Wert für die Raumpla-

Abb. 3: Panchromatische Satellitendaten zur Erfassung von Nutzungsänderungen im Hafenbereich von Kelheim; a) SPOT PAN 1988, b) IRS-1C PAN 1998

nung wurde bei den Nutzern vor allem bei der Erfassung des Ist-Zustandes für die Flächennutzung, aber auch bei der Stadtstrukturtypenkartierung und der Bewertung städtischer Grünflächen gesehen. Für die Fortschreibung des Flächennutzungsplans 1:10 000 sind nach (MEINEL 2000) die Daten nur begrenzt einsetzbar.

Der Einsatz multitemporaler Fernerkundungsdaten für die Untersuchung der städtischen Dynamik im Ruhrgebiet wird bei (SCHÖPPER; CALONEC-RAUCHFUSS; LAVALLE 2000) beschrieben. Die Arbeiten wurden im Rahmen des Projektes MURBANDY (Monitoring Urban Dynamics) als Bestandteil des europäischen Forschungsprojektes MOLAND (Monitoring Land Use Dynamics) unter Federführung des Instituts für Weltraumanwendungen (SAI) der gemeinsamen Forschungsstelle der EU durchgeführt. Sie sollen Aufschluss über die Entwicklungen der Flächeninanspruchnahme europäischer Ballungsräume und der damit verbundenen Auswirkungen auf die Umwelt geben und mit als Basis für eine nachhaltige Stadtentwicklung dienen. Für das Untersuchungsgebiet von 350 km² im Städtedreieck Duisburg, Oberhausen, Essen wurden neben Luftbildern aus 1952 und 1969 SPOT-1 PAN - Daten von 1987 und IRS-1C PAN - und LISS-Daten von 1998 verwendet. Die Auswertung beruht in erster Linie auf visuellen, vergleichenden multitemporalen Interpretationen der Bilddaten. Dabei wird eine für MURBANDY auf ein viertes Level erweiterte CORINE Land Cover Nomenklatur (drei Level) verwendet.

Für die Raumordnung und Landesplanung ist die möglichst aktuelle Erfassung der Flächenbeanspruchung durch Wohnungsbau und Gewerbe ein Kernthema. Insbesondere ist bei der Ausweisung von neuen Gewerbegebieten interessant, wie schnell der Ausbau hier voranschreitet. Für diese Fragestellung bietet sich an, bekannte, in einem Geographischen System aufbereitete Informationen über die Lage der neu ausgewiesenen Gewerbegebiete mit einzubringen und in Monitoringprogrammen die fortschreitende Flächenbeanspruchung gezielt auf diese Regionen zu fokussieren, z. B. mittels kostengünstiger Landsat-7-Datenprodukte.

3.2 Einsatz von IRS-C Daten zur Vegetationskartierung im Nationalpark Bayerischer Wald

Als Beispiel für den Einsatz von hochauflösenden Satellitendaten mittels Verfahren der rechnergestützten Landnutzungsklassifizierung soll an dieser Stelle eine Vegetationskartierung im Nationalpark Bayerischer Wald vorgestellt werden. In einer Kooperation mit der Nationalparkverwaltung wurden für die Vegetationskartierung des gesamten Nationalparks sowie der angrenzenden Hochlagen auf bayerischer wie auf der anschließenden tschechischen Seite Daten des IRS-1C genutzt. Der Nationalpark Bayerischer Wald bedeckt nach einer Gebietserweiterung im August 1997, die die ursprüngliche Fläche nahezu verdoppelt hat, ca. 24250 ha. Auf tschechischer Seite schließt sich der Nationalpark Sumava an. Die Öffnung der Grenze hat 1989 und in den Folgejahren eine stark veränderte Situation in dieser vormals stark peripheren Raumlage mit sich gebracht. In der räumlichen Planung der gesamten Nationalparkregion spielen der Interessenausgleich zwischen den Belangen der Anwohner, des Tourismus und des Naturschutzes eine große Rolle ebenso wie grenzüberschreitende Planungsaspekte.

Eine brisante Situation ist in diesem Kontext durch eine Massenvermehrung der Borkenkäfer entstanden, die in den letzten Jahren zur Bildung ausgedehnter Borkenkäferflächen geführt hat. Im Kernbereich des Nationalparks werden der Borkenkäfer nicht bekämpft und die abgestorbenen Nadelbäume nicht ausgeräumt. Gegenüber dieser Nationalparkpolitik formierte sich in der Folge teilweise heftiger Widerstand, insbesondere unter den Waldbauern mit an den Nationalpark angrenzenden Waldbeständen. Die für die Diskussion und das Eingreifen in den Randzonen essentiellen Informationen zur Ausdehnung der Totholzflächen wurden über fernerkundliche Methoden ermittelt, bei denen neben Luftbildbefliegungen im alten Nationalparkgebiet auch Satellitenbildaufnahmen verschiedener Jahre für den Gesamtraum zum Einsatz kamen.

Bei der Auswertung der Satellitenbildaufnahmen von IRS-1C vom September 1997 standen so neben der Vegetationszusammensetzung im Vergleich alter / neuer Nationalpark und angrenzenden Hochlagen (ab 1200 m Höhe) die Ausdehnung der Totholzflächen im Vordergrund. Die Daten des indischen Erdbeobachtungssatelliten IRS-1C kamen dabei zum Einsatz, um die höhere räumliche Detailgenauigkeit gegenüber anderen kommerziellen Satellitenbilddaten zu nutzen. Dabei wurde eine Kombination der hochauflösenden PAN-Daten mit den multispektralen LISS-Daten unter Nutzung von Methoden der überwachten Klassifizierung genutzt (BORDON ET AL. 2000).

Die LISS- und PAN-Daten wurden unter Nutzung eines digitalen Geländemodells georeferenziert und orthorektifiziert und auf Bildpixel von 10 m mal 10 m transformiert. Aufgrund der reliefreichen Morphologie des Geländes kommt es zu großen Unterschieden in den

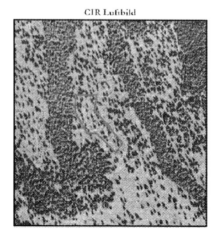
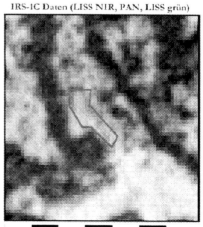

Abb. 4: Hochlagen im Nationalpark Bayerischer Wald - Vergleich von Luftbild (links) und Überlagerung von IRS-1C LISS und PAN (rechts) zur Markierung eines Trainingsgebiets für die Klasse Nadelwald licht / räumig

Beleuchtungsverhältnissen, die die Klassifizierung auf der Basis der Grauwertspektren erschwert. Daher wurde die Information aus dem digitalen Geländemodell auch genutzt, um das Untersuchungsgebiet in drei Beleuchtungsarten (schattig, mittelstark beleuchtet, sonnig) aufzuteilen und später getrennt zu klassifizieren. Basierend auf Trainingsgebieten, für deren Auswahl Colorinfrarot-Luftbilder im Maßstab 1:15 000 vom August 1997 zur Verfügung standen, wurde die Vegetations- und Totholzkartierung mit einer Einteilung in 10 Klassen durchgeführt (vgl. Abb. 4 mit dem Beispiel eines markierten Trainingsgebiets auf der panchromatischen IRS-Szene und dem CIR-Luftbild). Weitere drei Klassen wurden unter Nutzung von verfügbarer GIS-Zusatzinformation integriert. Für die Klassifizierung wurde eine mittlere Gesamtgenauigkeit von 88 % erreicht, wobei die Klasse Totholz sogar zu 95 % richtig erfasst wurde.

Die Projektergebnisse belegen die Eignung der IRS-1C Daten sowie der verwendeten Methode hinsichtlich der Zielsetzung der Vegetationskartierung. Die erfassten Klassen und die resultierende Flächenbilanz ist für das Gesamtgebiet des Nationalparks Bayerischer Wald sowie getrennt nach Alt- und Erweiterungsgebiet in Tab. 3 dargestellt. Zusätzlich war es möglich, die Flächenverteilung nach Hang-/Tallagen sowie Hochlagen zu differenzieren (BORDON ET AL. 2000). Dies zeigt das hohe Potential von Fernerkundungsinformation in Kombination mit GIS-Information (z. B. mit abgeleiteten Parametern aus dem digitalen Höhenmodell) auf. Zum anderen erwiesen sich für diese Fragestellungen die IRS-Daten als ein guter Kompromiss hinsichtlich Überdeckung und räumlicher Auflösung.

Tab. 3: Nationalpark Bayerischer Wald: Flächenbilanz für 13 Landnutzungsklassen aus Satellitendaten im Vergleich von Altgebiet, Erweiterungsgebiet und Gesamtgebiet

Vegetations-/ Landnutzungsklasse	Altgebiet [ha]	Erweiterungsgebiet [ha]	Insgesamt [ha]
Nadelwald geschlossen - locker	5201.9	4521.9	9723.8
Nadelwald licht-räumig	499.0	487.7	986.7
Mischwald	2609.5	2817.6	5427.1
Laubwald	2300.0	2352.6	4652.6
Jungwuchs / Dickung	426.1	360.5	786.6
Totholz	1426.4	101.3	1527.7
Totholzanteil 20-50 %	369.8	81.9	451.7
Wiese	161.3	123.7	285.0
Unbestockte Fläche	51.9	42.0	93.9
Gewässer	4.9	0.3	5.2
Moor	105.4	18.9	124.3
Landwirtsch. genutzte Enklave	502.5	57.1	559.6
Straße	86.9	13.9	100.8
Summe	13745.6	10979.3	24724.9

4. Beispiele der Nutzung von Flugzeugdaten

4.1 Nutzung multispektraler Flugzeugdaten für die Differenzierung städtischer Flächennutzungen

Bei der ökologischen Bewertung städtischer Nutzungsformen und Biotope ist nicht allein die erforderliche räumliche Auflösung entscheidend. Neben der Erfassung der Flächenversiegelung ist eine ökologische Charakterisierung der Vegetationsformen und des Vegetationszustandes notwendig. Hier bieten zusätzliche Spektralkanäle im nahen und mittleren Infrarot (neben den gängigen Spektralkanälen in Grünem, Rotem und Nahem Infrarot analog zu den Landsat-TM-Kanälen 2,3,4) wesentliche zusätzliche Differenzierungsmöglichkeiten. Das flugzeuggetragene DAIS 7915-System weist für diese Fragestellungen ein hohes Informationspotential mit 72 reflektiven Kanälen und 9 Kanälen im thermischen Infrarot auf. In einer Studie wurde dieses System für die Differenzierung städtischer Oberflächenformen und ökologische Bewertungen in Dresden eingesetzt (ROESSNER ET AL. 1998). Die räumliche Auflösung von ca. 6 m bei einer Flughöhe von 350 m liegt etwas ungünstiger wie IKONOS, dafür ist die spektrale Information wesentlich reichhaltiger. Insbesondere die für Trockenstress sensiblen Kanäle im mittleren Infrarot sind hier zu nennen. Für die Auswertung der umfangreichen feinbandigen spektralen Information sind neue Auswertemethoden notwendig. Insbesondere kann aus dem spektralen Verlauf in einzelnen Bildpixeln, insbesondere in Mischpixeln, auch auf die Flächenanteile von Vegetation gegenüber den Anteilen an versiegelter Bebauung geschlossen werden.

4.2 Unterstützung von Rekultivierungsmaßnahmen im Braunkohletagebau unter Nutzung des DAIS-Systems

Die feinbandige spektrale Auflösung hyperspektraler Sensoren, die beim DAIS 7915 vom sichtbaren Reflektionsbereich bis ins thermische Infrarot reicht, kommt vor allem auch bei Fragestellungen zur mineralogischen Zusammensetzung der Bodenoberfläche zum Tragen, wenn diese im wesentlichen vegetationsfrei ist.

Daher wurde das DAIS-Instrument im Braunkohlebezirk von Leipzig eingesetzt, insbesondere bei der Untersuchung der Braunkohletagebaue von Zwenkau und Espenhain hinsichtlich Rekultivierungsmaßnahmen. Für die Rekultivierung ist die Quantifizierung der Mineralienzusammensetzung ein ebenso entscheidender Aspekt wie das Verständnis der chemischen Prozesse in der Abraumhalde. So beeinflusst die Bildung oder Auflösung von Mineralien in einer sauren Umgebung, hervorgerufen z. B. durch Pyritanteile, die Stabilität der Halden. Bei den abgeleiteten Bildprodukten der DAIS-Befliegung ergab die Falschfarbendarstellung von ausgesuchten Kanälen, z. B. im mittleren Infrarot, wesentlich erweiterte Informationen zur Mineralverteilung gegenüber den Echtfarben (Abb. 5), um z. B. die Verteilung von Kaolinit als Hauptbestandteil tonreicher Sedimente sichtbar zu machen (KAUFMANN ET AL. 1997).

Dabei kann ausgenutzt werden, dass sich Kaolinit in einem Spektralkanal bei ca. 2250 nm durch ein klares Reflexionsminimum abzeichnet (Abb. 6). Zur Erfassung von quarzreichen auf der einen und tonreichen Sedimenten auf der anderen Seite wurden Labormessungen mit den Spektralmessungen vom DAIS zusammengeführt.

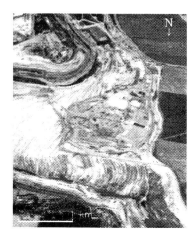 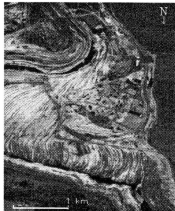

Abb. 5: Verbesserte Differenzierung und Erkennung tonreicher Sedimente im Braunkohletagebau mittels geeigneter Falschfarbenkanälen des DAIS Instrumentes.
Links: Echtfarbendarstellung,
rechts: Darstellung von Kanälen im mittleren Infrarot (Farbdarstellungen nur in SW wiedergegeben)

Abb. 6: Beispiel des Reflexionsspektrums einer Mineralmischung im Vergleich eines Hyperspektralsystems (hier HyMap) und Landsat TM. Die Reflexionsminima bei Kaolonit und Dolomit würden beim Landsat TM nicht aufgelöst werden.

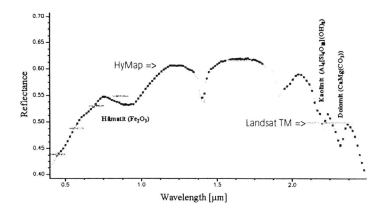

Durch den Vergleich mit den Labormessungen konnten geeignete Spektralkanäle ausgewählt werden und Schätzverfahren für den Gehalt an Quarz und Kaolinit entwickelt werden. Die Schätzungen erlauben es, die flächig erhobenen Spektraldaten von DAIS in quantitative Darstellungen des Quarz- und Kaolinitgehalts umzusetzen (vgl. Abb. 7). So geht z. B. für die Schätzung der Quarzanteile das Verhältnis der Kanalwerte 74 und 78 ein. Für den Transfer dieser Schätzverfahren auf andere Flächen mit Rekultivierungsbedarf sind, abhängig vom Vorliegen der jeweiligen Verhältnisse, die Regressionsansätze neu zu bestimmen.

Das hyperspektrale DAIS-Instrument wurde in den letzten Jahren in ganz Europa eingesetzt. Im Rahmen des europäischen Projektes „DAIS Large Scale Facility" wurden mit dem DAIS zwischen 1996 und 1998 insgesamt 20 Testgebiete beflogen. Dabei gingen 10 Befliegungen in Untersuchungen zu den Anwendungsfeldern Geologie und Boden / Erosion ein, die anderen 10 Teilprojekte widmeten sich urbanen Anwendungen, der Hydrologie und der Vegetationskartierung (MÜLLER et al. 1998).

Abb. 7: Beziehungen von Mineralzusammensetzungen und spektralen Eigenschaften in Labormessungen können auf DAIS-Aufnahmen von Braunkohletagebaue umgesetzt werden (Abbildung in SW-Wiedergabe).

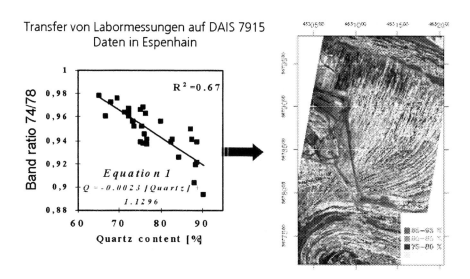

5. Neue Entwicklungen: Hochauflösende mehrfrequente Radarsysteme für die Landnutzungskartierung

5.1 Entwicklungen bei mehrfrequenten Radarsystemen

In den letzten beiden Jahrzehnten ist auch die Entwicklung und Nutzung von abbildenden Radarsystemen mit synthetischer Apertur (SAR) weit vorangeschritten. Radarsysteme haben gegenüber optischen Daten den Vorteil, auch eine geschlossene Wolkendecke durchdringen zu können. Während die operationellen SAR-Systeme der neunziger Jahre wie die von ERS-1, ERS-2, JERS-1 und Radarsat nur in einer Frequenz und Polarisation arbeiten oder gearbeitet haben, wurde auf den beiden SIR-C/X-SAR Shuttle-Missionen im April und Oktober 1994 und in dem begleitenden internationalen wissenschaftlichen Programm eindrucksvoll das Potential eines dreifrequenten SAR-Systems aufgezeigt (STOFAN et al. 1995). Die amerikanische Komponente des Instruments, SIR-C mit L- und C-Band, wurde auch vollpolarimetrisch betrieben. Die deutsch-italienische Entwicklung von X-SAR arbeitete im X-Band. Die drei Frequenzen bzw. Wellenlängen (vgl. Tabelle 4) beinhalten unterschiedliche Eindringtiefen der Radarenergie in die Vegetationsdecke bzw. auch in den Boden und liefern daher eine wesentlich verbesserte Information gegenüber Monofrequenz-Systemen. In Deutschland wurden die SIR-C/X-SAR Daten im Projekt XEP, „Erzeugung beispielhafter X-SAR Endprodukte" auch für anwendungsbezogene Fragestellungen in den Bereichen Vegetationskartierung, Küstenschutz und Strukturelle Geologie genutzt (KEIL et al. 1999). Aufgrund der geometrischen Auflösung der Bildpixel, die bei SIR-C/X-SAR je nach Mode zwischen ca. 20 bis 50 m lagen, sind die Möglichkeiten für die Raumplanung in Deutschland aber noch eingeschränkt.

Tab. 4: Gebräuchliche Frequenzbänder bei Synthetischen Apertur - Radarsystemen (SAR) und zugehörige Wellenlängen

Frequenzband von SAR-Systemen	X-Band	C-Band	L-Band	P-Band
Wellenlänge [cm]	3.0	5.6	23	58

Im Konzept von TerraSAR wird im europäischen Rahmen die Kombination eines hochauflösenden X-Band SAR mit einem multipolarimetrischen L-Band SAR, geplant auf zwei Plattformen, verfolgt. Der X-Band SAR Satellit steht unter deutscher Federführung (DLR in Kooperation mit dem europäischen Raumfahrtkonzern Astrium) und ist für 2005 geplant. Die vor allem anvisierten kommerziellen Anwendungen, u. a. auch im Raumplanungsbereich, wurden in einer mehrjährigen Initiative zur Marktanalyse untersucht.

Als Vorbereitung für die Nutzung zukünftiger Satelliten neuer Qualität wie TerraSAR und verknüpft mit der Markterschließungsinitiative SMART („Systematic Market Development Approach for Remote Sensing Techniques") wurde in Deutschland 1998/1999 das Verbundvorhaben ProSmart durchgeführt, unter Federführung der Dornier Satellitensysteme GmbH (nunmehr integriert bei Astrium) und mit Förderung durch das DLR Bonn. ProSmart („Product development for SMART") hatte die Anwendungstechnologieentwicklung für mehrfrequente SAR-Systeme und für hyperspektrale Systeme zum Ziel und deckte die Anwendungsbereiche Landwirtschaft, Forstwirtschaft, Umwelt und Planung ab (RITTER; RICKEN 1999). Die SAR-Daten für ProSmart wurden mit dem flugzeuggetragenen E-SAR System des DLR im L- und X-band simuliert. Das E-SAR lieferte Datenprodukte mit einer räumlichne Auflösung von ca. 2 m. Durch die Berücksichtigung von Flugzeuglagedaten, GPS-gestütze Flugwegregistrierung und die Integration eines interferometrisch ermittelten Höhenmodells aus den X-Band Daten konnten dabei orthorektifizierte Datenprodukte zur Verfügung gestellt werden. Für die hyperspektrale Befliegung wurde das System HyMap eingesetzt, zusätzlich wurden Referenzdaten mit dem HRSC-Instrument aufgenommen (RICKEN 1999).

5.2 Vegetationserfassung mit mehrfrequenten Flugzeugradardaten

Als ein Beitrag zu ProSmart wurde von Seiten des DLR-DFD das Teilprojekt BIOMASS durchgeführt, das die Charakterisierung des Entwicklungsstandes von Walderneuerungsflächen und deren Biomasse zum Ziele hatte. Das Untersuchungsgebiet war die Region Altenberg im Erzgebirge, ein Gebiet, das in den siebziger und achtziger Jahren durch starke Waldschäden und großflächige Totalausfälle in den Fichtenbeständen charakterisiert war. Seit Ende der achtziger Jahre läuft in der Region ein großes Wiederaufforstungsprogramm. Mittels Radardaten sollte zum einen neben der Kartierung anderer Landnutzungsklassen eine Inventarisierung der Baumartenverteilung, insbesondere in den Aufforstungsflächen, durchgeführt werden. Zum anderen sollten Verfahren erprobt und weiterentwickelt werden, um aus den Radardaten, insbesondere im längerwelligen L-Band, biomasse-relevante Parameter wie die mittlere Baumhöhe und den Beschirmungsgrad bei Jungwuchsflächen abzuleiten. Die Sächsische Landesanstalt für Forsten (LAF), Graupa, war in diesem Teilprojekt der Referenzkunde.

Bei der Radardatenauswertung war zunächst eine Vorverarbeitung notwendig, die die unterschiedliche Radarbeleuchtung aufgrund des topographischen Reliefs reduzierte. Dies geschah unter Integration des interferometrisch abgeleiteten digitalen Höhenmodells aus den X-Band-Daten, das für eine Simulation der Radarbeleuchtung benutzt wurde. Notwendig war auch eine Filterung der Radardaten (Abb. 8 zeigt Vorverarbeitungsstufen von zwei Radarkanälen sowie die Beleuchtungssimulation aus dem abgeleiteten Höhenmodell).

Abb. 8: Nutzung multifrequenter polarimetrischer Radardaten für die Vegetationserfassung im Erzgebirge im ProSmart Projekt: Links oben ist das L-Band (HV-Polarisation) vor der Beleuchtungskorrektur mittels der simulierten Radarbeleuchtung (links unten) zu sehen, rechts oben nach der Beleuchtungskorrektur. Die Höhe der Radarrückstreuung in L-HV korreliert stark mit der Biomasse (junge Aufforstungen im Zentrum).
Die X-Band-Daten (X-HH, unten rechts) sind wichtig für die Baumartendifferenzierung.

■ Ausgewählte Beispiele der Nutzung hochauflösender Fernerkundungsdaten

Unter Nutzung der zwei Radarfrequenzen (L- und X-Band) und mehrerer Polarisationen wurden über Verfahren der automatisierten Klassifizierung 13 Landnutzungsklassen getrennt, u. a. die Hauptbaumarten Fichte, Kiefer, Lärche sowie Laubwald/Mischwald jeweils in zwei Hauptaltersklassen. Getrennt für die Hauptbaumarten wurden dann über Regressionsanalysen Schätzwerte für die mittlere Baumhöhe und den Beschirmungsgrad ermittelt (RICKEN 1999, Kap. 8), die Aufschluss geben über den Wiederaufforstungserfolg in den einzelnen Teilgebieten . Die Ergebnisse der Baumartenklassifizierung und Landnutzungskartierung aus den kombinierten L- und X-Band-Daten sind in Abb. 9 dargestellt. Bei der Baumartentrennung wurden mittlere Genauigkeiten von etwa 80 % erreicht. Parallel wurden auch die ebenfalls in einer Befliegung der Region Altenberg eingesetzten HyMap-Daten ausgewertet. Hier wurde bei der Landnutzungskartierung nach 14 Landnutzungsklassen eine mittlere Klassifizierungsgenauigkeit von 73 %, bei Reduktion auf 10 Klassen von 84 % erreicht.

Abb. 9: Ergebnis der Vegetations- und Landnutzungsklassifizierung mit neun Waldklassen und vier Nichtwaldklassen aus L- und X-Band-SAR-Daten in der Region Altenberg / Erzgebirge (SW-Darstellung einer eingefärbten Klassifizierung)

Das Teilprojekt BIOMASS diente in erster Linie den Fragestellungen der forstlichen Planung. Ebenfalls in einem Untersuchungsgebiet in Sachsen wurde von der Firma G.E.O.S., Freiberg, das ProSmart-Teilprojekt PLANLINE als Beispielprojekt für die Unterstützung der räumlichen Planung durchgeführt. Beruhend auf Daten von HyMap und auch E-SAR wurden Bildprodukte entwickelt, die der Planung und Visualisierung von Linienbauwerken dienen, hier im Zusammenhang mit der Planung der Autobahn A 17 im Bauabschnitt Dresden - Prag. Der Referenzkunde von PLANLINE war das Autobahnamt Sachsen. Ein Ergebnisprodukt war die 3D-Visualisierung des Planungsvorhabens, basierend auf einem HyMap-Bildprodukt, verschnitten mit dem digitalen Geländemodell (RICKEN 1999, Kap. 18).

6. Schluss und Ausblick

Der Einsatzbereich der Satelliten- und auch der flugzeuggestützten Fernerkundung in der räumlichen Planung hat sich durch die Entwicklungen zu räumlichen Auflösungen im Meterbereich wesentlich erweitert. Gegenüber traditionellen Luftbilddaten (auch Infrarotluftbildern) kommen hier auch die erweiterten spektralen Informationen zum Tragen. Wie in den dargestellten Beispielen mit aufgezeigt, liegen die Einsatzfelder vor allem in folgenden Bereichen:

- Unterstützung der Nachführung in der Landesentwicklung (z. B. Erfassung des aktuellen Bebauungsstandes)
- Unterstützung in der Landschaftsbewertung (Schutzgebiete / Nationalparks in ihrem Umfeld, auch grenzüberschreitend; Landschaftsbewertungen hinsichtlich Verkehrserschließungen, Windkraftanlagen etc.)
- Erfassung des Umweltzustandes und der Umweltbelastung (Stand von Rekultivierungsmaßnahmen; thermische Belastungen; Vegetationsschäden)
- Erfassung plötzlicher Veränderungen (Hochwasser; Sturmschäden/Insektenschäden in der Forstwirtschaft)

Dabei hat die Verfügbarkeit auch neuester höchstauflösender Systeme wie die von IKONOS-2 und verschiedenen Flugzeugscannerdaten die notwendige sorgfältige Wahl von Sensoren und Bildprodukten nicht obsolet gemacht. Je nach Aufgabenstellung, gewünschter Überdeckung, notwendiger Auflösung und Preis-Leistungsverhältnis behalten auch Systeme wie die von Landsat-7 ETM+ und IRS LISS / PAN ihr Einsatzfeld.

Bei allen Systemen, mittlerweile auch den flugzeuggetragenen Systemen, kommen die digitalen hochaufgelösten Daten durch eine verbesserte Geometrie dem steigenden Bedarf nach GIS-Integration in der räumlichen Planung entgegen, insbesondere bei Orthoprodukten unter Integration eines guten digitalen Höhenmodells. Die Einbindung in Geoinformationssystemen ermöglicht bei der Interpretation der Fernerkundungsdaten auch die Einbeziehung von Vorwissen. Die neuen Entwicklungen bei hochaufgelösten Hyperspektralsensoren und multifrequenten Radarsystemen gestatten auch stärker quantitative Auswertungen, wie in den Beispielen mit aufgezeigt.

Insbesondere die hochaufgelösten Daten im Meterbereich erfordern zu einem rationellen Einsatz verstärkt neue Auswertealgorithmen, die von der pixelweisen spektralen Auswertung hin zu objektbasierten Klassifizierern führen (vgl. BLASCHKE 2000). Hier sind in den letzten Jahren interessante Fortschritte erreicht worden, allerdings wird deutlich, dass man noch weit von der vollständigen automatischen Erfassung von Objekten, z. B. in der Straßennachführung, entfernt ist. Daher ist ein Hauptziel, den Grad der Automation zu erhöhen, um den zeit- und kostenintensiven Aufwand bei der Interpretation zu reduzieren.

Nicht zuletzt wird der Erfolg der Fernerkundung in der räumlichen Planung von der Verfügbarkeit möglichst aktueller räumlicher Information abhängen, also auch von einer zeitlich verbesserten Auflösung der Fernerkundungsinformation. Diesem Aspekt der hohen Wiederholrate trägt das deutsche RapidEye-Konzept Rechnung. Die geometrische Auflösung bei diesem System soll zwischen 5 und 7 Metern betragen, je nach dem, ob der panchromatische oder einer der vier multispektralen Kanäle verwendet wird. Vier baugleiche Satelliten sollen ab 2002 in den Orbit gebracht werden und dabei sogar eine tägliche Gebietsabdeckung gewährleisten (JÜRGENS 2000), bei der die Chancen auf Wolkenfreiheit im Bildmaterial steigen.

Literaturverzeichnis

BLASCHKE, T. (2000): Objektextraktion und regelbasierte Klassifikation von Fernerkundungsdaten: Neue Möglichkeiten für GIS-Anwender und Planer. In: Schrenk, M., ed., CORP´2000, Tagungsband 5. Symposium „Computergestützte Raumplanung", 16. - 18. 2. 2000, Wien (s. a. www.corp.at/corp2000/CORP2000_Tagungsband).

BORDON, D.; GLASER, R.; KEIL, M.; RALL, H. (2000): Vegetations- und Totholzklassifizierung im Nationalpark Bayerischer Wald anhand von IRS-1C Daten. In: Petermanns Geographische Mitteilungen, 144, 3/2000, S. 18-25.

DEGGAU, M. (1997): Bodenbedeckungsdaten für Europa: CORINE LAND COVER. In: Tagungsband 14. Nutzerseminar des Deutschen Fernerkundungsdatenzentrums, DLR Mitteilung 97-05, S. 35-42, Oberpfaffenhofen.

FRITZ, L. W. (1997): August 1997 Status of New Commercial Earth Observation Satellite Systems. In: PFG, 6/1997, S. 369-382.

JÜRGENS, C. (2000): Fernerkundungsanwendungen im Precision Farming. In: Petermanns Geographische Mitteilungen, 144, 3/2000, S. 60-69.

KAUFMANN, H.; KRÜGER, G.; MÜLLER, A.; REINHÄCKL, G.; LEHMANN, F.; GLÄSSNER, W.; SCHRECK, P.; VOLK, P. (1997): Integrated Studies in the Central German Lignite Mining District by Hyperspectral Methods Combined with Analytical Field Data. In: Proceedings 3rd International Airborne Remote Sensing Conference and Exhibition, Vol. I, pp. 545-553.

KEIL, M.; AKGÖZ, E.; CARL, S.; FÖRSTER, B.; HÄUSLER, T.; JOHLIGE, A.; LUTNER, M.; MARTIN, K. (1999): Use of SIR-C / X-SAR and Landsat TM Data for Vegetation Mapping in the Bavarian Forest National Park and in the Ore Mountains. In: Proceedings IGARSS'99, 28.6. – 2.7.1999, pp. 293-295, Hamburg, Germany.

KRAMER, H. (2000): Satellitenmissionen und abbildende Sensoren im optischen Bereich. In: Petermanns Geographische Mitteilungen, 144, 3/2000, pp. S. 46-49.

MEINEL, G.; HENNERSDORF, J.; LIPPOLD, R. (2000): Erstellung landesweiter IRS-1C-Satellitenbildmosaike und ihre Anwendung in der Raumplanung. In: PFG, 2/2000, S. 95-107.

MOMS-2P (2000): MOMS-2P Einführung - http://neu-strelitz.nz.dlr.de/moms2p/best_of97 /begin.htm

RICKEN, H. (Hrsg.) (1999): Endbericht zum Projekt ProSmart -Demonstrationsbeispiele innovative Geo-Informationsprodukte im Rahmen der Smart Initiative als Grundlage für InfoTerra / TerraSar, Friedrichshafen, FKZ 50 EE 9816 (s. a. http://www.observe.de/prosmart /index.html).

RITTER, P.; RICKEN, H. (1999): ProSmart: German preparatory programme for the industrial utilization of next-generation satellite remote sensing data. In: Proceedings IGARSS'99, 28.6. – 2.7.1999, Hamburg, Germany.

ROESSNER, S.; SEGL, K.; HEIDEN, U.; MUNIER, K.; KAUFMANN, H. (1998): Application of Hyperspectral DAIS Data for Differentiation of Urban Surfaces in the City of Dresden, Germany. In: Proceedings 1st EARSeL Workshop on Imaging Spectroscopy, Zurich, pp. 463-472.

SCHÖPPER, H.; CALONEC-RAUCHFUSS, CH.; LAVALLE, C. (2000): Monitoring städtischer Dynamik im Ruhrgebiet. In: PFG, 4/2000, S. 259-271.

STOFAN, E. R; EVANS, D. L.; SCHMULLIUS, C.; HOLT, B.; PLAUT, J. J.; VAN ZYL, J. J.; WALL, S. D.; WAY, J. (1995): Overview of Results of Spaceborne Imaging Radar-C, X-Band Synthetic Aperture Radar (SIR-C / X-SAR). In: IEEE Trans. Geosc. Remote Sensing, Vol. 33, No. 4, 817-828.

GOTTHARD MEINEL

Erstellung landesweiter IRS-1C-Satellitenbildmosaike und ihre Anwendung in der räumlichen Planung

1. Einführung

Die Anforderungen an die Konkretheit räumlicher Planung steigen ständig. Vor dem Hintergrund einer zunehmenden Dynamik der Veränderung resultiert daraus ein wachsender Bedarf an aktuellen Rauminformationen. Diesem Bedarf ist durch konventionelle Informationsquellen wie dem Luftbild bzw. der Vorortkartierung allein aus Kostengründen nicht beizukommen. Mit den Daten des indischen Fernerkundungssatelliten IRS-1C stehen nun auch operationell Daten für räumliche Planungen bis zum Maßstab 1 : 25 000 zur Verfügung. Nachdem im Rahmen eines von der Deutschen Forschungsgemeinschaft finanzierten Projekts (Me 1592/1–2) der Nutzen von IRS-1C-Daten für die Raumplanung prinzipiell nachgewiesen war (MEINEL 1998), sollte nun die Methodik zur Erstellung landesweiter Bildmosaike erarbeitet werden. Dazu wurde im Auftrag des Sächsischen Staatsministeriums für Umwelt und Landwirtschaft ein das gesamte Gebiet des Freistaates Sachsen einschließlich eines Umlandsaumes von 10 km Breite abdeckendes IRS-1C-Satellitenbildmosaik als Grundlage für visuelle Interpretationen für Belange der Raumplanung und Raumordnung erstellt. Anschließend wurden Anwendungen in Raumordnung, Landes- und Regionalplanung aufgezeigt und entwickelt.

2. Auswahl der Satellitenbildszenen

Das zu erstellende landesweite Bildmosaik sollte eine geeignete Grundlage für Planungsarbeiten im Maßstab 1 : 25 000 darstellen. Daraus resultiert eine geometrische Auflösung, wie sie derzeit von dem indischen Fernerkundungssatelliten IRS-1C und dem baugleichen IRS-1D erreicht wird. Weitere Forderungen waren neben der Bereitstellung von Schwarz-Weiß-Bilddaten auch die Berechnung von Farbinfrarot- und Naturfarbprodukten in einem 25 000er Bildmaßstab, was die Beschaffung multispektraler Bilddaten voraussetzte.

2.1 Recherche von IRS-1C-Satellitenbilddaten

IRS-1C-Daten werden in der Regel innerhalb von 2 Tagen nach ihrer Akquisition in das Satellitenbildrecherchesystem ISIS eingestellt (www.dfd.dlr.de). Dieses vom Deutschen Zentrum für Luft- und Raumfahrt (DLR) geführte Datenbanksystem erlaubt u. a. die schnelle Online-Recherche von IRS-Satellitenbilddaten nach den Suchkriterien geographische Lage (Punkt oder Rechteck), Aufnahmezeitpunkt und Sensor. Dem Nutzer werden die verfügbaren Bilddaten einschließlich Aufnahmedatum, Lageinformationen sowie dem Bewölkungsgrad in Tabellenform dargestellt. Die recherchierten Bilder können als Übersichtsaufnahme (Quicklooks) geladen werden. Dadurch ist sowohl eine erste grobe Beurteilung der Bildqualität (große Bewölkungs- und Dunstbereiche) als auch die Einschätzung der ungefähren Bildlage durch die Angabe der 4 Eckkoordinaten möglich.

2.2 Bildauswahlkriterien

Bei der Zusammenstellung von Bildszenen für flächendeckende Bildmosaike sind die Kriterien Bildqualität, -aktualität, Aufnahmezeitpunkt, Flächendeckung und Kosten zu optimieren, die in einem komplizierten Wechselspiel zum Teil auch gegeneinander abzuwägen sind. Problematisch ist dabei noch, dass in der Bildauswahlphase die Szenenlage, Bildqualität und Bewölkungssituation nur relativ grob bekannt sind und deren genauen Werte letztlich erst nach Bildkauf genau bestimmt werden können.

2.2.1 Bildqualität

War der Bewölkungsgrad einer aktuellen Aufnahme größer Null und stand keine andere wolkenfreie Aufnahme zur Verfügung, so war die Beurteilung der Bewölkung hinsichtlich des Flächenanteils und der Lage der Bewölkung durch das Quicklook notwendig. Da die IRS-Quicklooks nur in einem Bildmaßstab von 1 : 500 000 vorliegen, sind in diesen nur große Wolken- und Dunstgebiete erkennbar. Wenn bewölkte Bildteile durch eine Nachbarszene abgedeckt werden konnten oder im ländlichen Raum ohne wesentliche Nutzungsänderungen lagen, wurden auch Aufnahmen mit einem Bewölkungsgrad > 0 % akzeptiert. Von den insgesamt prozessierten 17 panchromatischen und 5 multispektralen IRS-Bildszenen waren nur 4 mit größeren Wolkenfeldern, die aber zum größten Teil außerhalb Sachsens lagen.

2.2.2 Aktualität

Die Daten sollten so aktuell wie möglich sein. Dank der guten Wetterbedingungen im Sommer 1998 sind 100 % der Fläche des landesweiten Bildmosaiks durch aktuelle und hochwertige LISS-Aufnahmen und 99,7 % der Fläche durch sehr gute PAN-Aufnahmen aus den Jahren 1998 und 1997 abgedeckt (Tab. 1).

Tab. 1: Übersicht der verwendeten IRS-1C-Szenen des landesweiten Bildmosaiks

Sensor	Aufnahme-zeitpunkt	Anzahl der Aufnahmen	Fläche [km²]	Anteil an Gesamtfläche [%]	Anteil bewölkter Fläche an Gesamtfläche [%]
PAN	1998	10	9 715,2	52,6	0,27
	1997	5	8 709,3	47,1	
	1996	2	53,9	0,3	
LISS	1998	5	18 480,3	100,0	0,06

2.2.3 Saisonaler Aufnahmezeitpunkt

Neben der Aktualität der Aufnahmen spielt der Aufnahmezeitpunkt im Jahreslauf eine wichtige Rolle. Es wurden ausschließlich Sommeraufnahmen gewählt, da diese auch eine detaillierte Vegetationsbewertung zulassen. Alle Daten des zu erstellenden Bildmosaiks sollten möglichst vom gleichen saisonalen Aufnahmezeitpunkt stammen, idealerweise vom gleichen Aufnahmedatum. Dieses ist nur bei Aufnahmen innerhalb eines Pathes in annähernder Nord-Süd-Richtung möglich, da diese Daten bei einem Überflug aufgezeichnet werden. In West-Ost-Richtung benachbarte Bildszenen entstammen verschiedenen Überflügen, so dass zwischen diesen Aufnahmen mindestens drei Tage liegen, in denen sich die Bewölkungsbedingungen meist völlig verändert haben. Bei ungenügender Datenqualität muss dann auf Daten eines anderen Aufnahmedatums zurückgegriffen

Erstellung landesweiter IRS-1C-Satellitenbildmosaike und ihre Anwendung in der räumlichen Planung

werden, was häufig auch zu anderen saisonalen Aufnahmezeitpunkten führen kann. Soll eine Bildfusion von panchromatischen und multispektralen Bilddaten erfolgen, sollten die Satellitenszenen vom gleichen Aufnahmedatum sein. Ansonsten kann es durch Änderung der Bodenbedeckung (z. B. Ernte, Tagebaufortschritt, Neubauten) zu Fehlern im Bildfusionsprodukt kommen.

2.2.4 Flächendeckung

Die Optimierung einer Flächenabdeckung kann durch die Auswahl der Bildprodukte (Vollszene, Viertelszene, Subszene) sowie durch Nutzung einer möglichen Bildverschiebung erfolgen. Bildszenen innerhalb eines Überfluges können in 10-%-Schritten von Norden nach Süden verschoben werden. Diese Option trägt erheblich zur Optimierung der Flächendeckung und damit der Bildmosaikkosten bei.

Die Fläche des Freistaates Sachsen musste vollständig durch einen panchromatischen und einen multispektralen IRS-Satellitenbildsatz abgedeckt werden. Aus Kostengründen sollten dabei Mehrfachabdeckungen der Fläche so gering wie möglich gehalten werden. In unseren geographischen Breiten (ca. 50°) überlappen benachbarte IRS-Szenen um fast 50 %, eine sichere Überlappung zum übernächsten Flugstreifen gibt es damit nicht. Aus diesem Grund muss zwangsläufig eine erhebliche Mehrfachabdeckung der Fläche in Kauf genommen werden. Für die Festlegung der Bildauswahl wurden die Quicklooks der infrage kommenden Bildszenen anhand ihrer Eckkoordinaten georeferenziert. Wolkenbereiche wurden durch Szenenshift minimiert. Die Überlappung mit Nachbarszenen wurde überprüft. Die ungenauen Angaben zur Szenenlage in den Quicklooks, die im Mittel 3–5 km von der wahren Lage abwichen (vgl. Tab. 2), führten in einem Fall zu einem Datenausfall zwischen zwei Szenen mit vorberechneter knapper Überdeckung. Die Lage der Bildszenen im Mosaik zeigt Abb.1.

Abb. 1: Gesamtmosaikfläche mit eingezeichneter Landesgrenze (gestrichelt) und Lage der Bildszenen (a) PAN, (b) LISS, (c) Flächen gleichen Aufnahmedatums (grau)

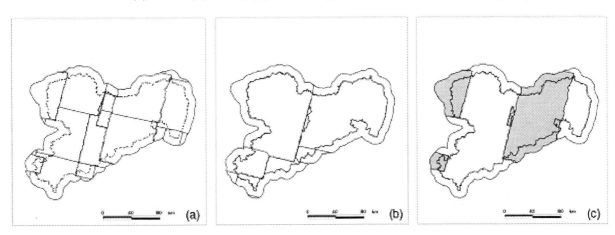

2.2.5 Kosten

Satellitenbilddaten werden derzeit noch mehr oder weniger zum Festpreis verkauft. Dieses gilt sowohl hinsichtlich der verschiedenen Distributoren (die letztlich alle von der gleichen Quelle beziehen), der Bildqualität (keine Rabatte für höhere Bewölkungsgrade oder Dunstbereiche) als auch hinsichtlich der Anzahl der gekauften Bilddaten. Hier werden Mengenrabatte von maximal 5–10 % für aktuelle Daten gewährt. Größtes Problem – und sehr kontraproduktiv für die Satellitenbildnutzung – sind aber die noch mangelnden Angebote zur freien Flächenwahl. Meist müssen die Daten immer noch als Voll-, Viertel- bzw. Subszene gekauft werden, auch wenn nur wenige Quadratkilometer benötigt werden. Seit kurzer Zeit gibt es allerdings erste Angebote auch zum Kauf von Teilflächen. Über das Geographical Data Warehouse von Dornier Satellitensystem GmbH können z. B. Landsat-TM-Daten von Teilflächen erworben werden (www.observe.de). Die Datenkosten des landesweiten Bildmosaiks zeigt Tab. 2.

Tab. 2: Übersicht der Datenkosten der Einzelszenen und des Bildmosaiks

Bildtyp	Bildgröße	Einzelbildpreis [€]	Preis pro km² [€/km²]	Anzahl der Bilder	Gesamtpreis [€]
PAN-Vollszene	70 km x 70 km	2 450,-	0,50	8	19 600,-
PAN-Subszene	23 km x 23 km	750,-	1,42	7	5 250,-
LISS-Vollszene	140 km x 140 km	2 650,-	0,14	3	7 950,-
LISS-Quadrant	70 km x 70 km	1 650,-	0,34	2	3 300,-
Gesamtkosten (LISS und PAN)	19 000 km²	–	1,90	20	36 100,-

Der Betrag von 1,90 EUR/km² stellt einen realistischen vollständigen Datenpreis für IRS-1C-Pan- und LISS-Daten für große Bildmosaike dar. Er liegt damit um den Faktor 3 über dem theoretischen Minimalwert von 0,64 EUR/km². Der Mehrpreis ergibt sich durch unvermeidbare Mehrfachabdeckungen von Flächenteilen und unbenötigten Bildteilen, die bedingt sind durch den Szenenschnitt der Satellitenaufnahmen.

2.3 Anforderungen an die Satellitenbildvertreiber

Die Zusammenstellung eines flächendeckenden Satellitenbildmosaiks stellt nach wie vor eine schwierige Optimierungsaufgabe dar, die seitens der Datenanbieter in Zukunft noch besser zu unterstützen ist. Folgende Aufgaben sind zu nennen, die noch zu lösen sind:

- Genauere Angabe zur Szenenlage. Gerade bei geringem Überdeckungsgrad von Bilddaten bzw. an der Grenze von Untersuchungsgebieten kommt es letztlich auf eine Genauigkeit < 1 km an. Die derzeitige mittlere Genauigkeit von 3–5 km ist häufig nicht ausreichend.

- Bessere Softwareunterstützung bei der Auswahl und Zusammenstellung von Bildmosaiken. So wäre ein GIS-basiertes Programmtool sehr hilfreich, das ausgehend von der Szenenlage, dem Aufnahmezeitpunkt, möglicher Bildverschiebungen, der Bildqualität und dem abzudeckenden Gebiet eine optimierte Bildauswahl berechnet.

- Ermöglichung des Kauf von Daten mit beliebigen Flächenzuschnitt.

3. Georeferenzierung

Aufgrund der sehr guten Datenqualität und in Ermangelung eines entsprechenden Softwareprogramms wurde auf eine Atmosphärenkorrektur der Bilddaten verzichtet. Die Georeferenzierung sollte mit hoher Entzerrungsgenauigkeit erfolgen, sollen doch die maßstabsfreien digitalen Bildprodukte auch in größeren Maßstäben dargestellt und andere Geodaten überlagert werden.

Die panchromatischen Bilddaten wurden auf Grundlage der TK25 und anschließend die multispektralen LISS-Szenen auf die georeferenzierten PAN-Daten entzerrt. Dazu wurde im ersten Schritt ein Mosaik aller 182 digitalen TK25-Grundrisslayer, die vom Sächsischen Landesvermessungsamt bezogen wurden, erstellt. Die Georeferenzierung erfolgte auf Basis von im Mittel

45 Passpunkten pro Szene mit einer Polynomentzerrung zweiter Ordnung. Geländehöhendaten standen nicht flächendeckend zur Verfügung, so dass auf eine Orthorektifizierung verzichtet werden musste. Insgesamt ist das Untersuchungsgebiet auch relativ wenig reliefiert. Um auch an der Grenze zwischen den einzelnen Teilbildern eine hohe geometrische Genauigkeit zu erzielen, wurde im Überlappungsbereich der Bilder mit identen Passpunkten (Verknüpfungspunkten) gearbeitet. Da erhebliche Teile der Bilddaten außerhalb der Landesgrenzen lagen (der Auftraggeber hatte auch einen Umlandsaum von 10 km Breite gefordert) und aufgrund des Szenenschnittes mussten 70 Topographische Karten der umliegenden Bundesländer Bayern, Thüringen, Sachsen-Anhalt und Brandenburg für die Entzerrung hinzugezogen werden.

Generell kann eingeschätzt werden, dass die innere Geometrie der IRS-1C-Daten sehr gut ist und mit einem mittleren Fehler von < 0,8 Pixeln (entsprechend 4 m) bei PAN bzw. < 0,25 Pixeln (entsprechend 5 m) bei LISS-Daten entzerrt werden kann. Durch eine Orthorektifizierung sollten bei panchromatischen Bildaufnahmen auch Entzerrungsfehler < 0,5 Pixeln erreicht werden. Die panchromatischen Szenen wurden auf 5 m, die LISS-Szenen auf 20 m resampelt. Als Resamplingmethode wurde „Cubic Convolution" gewählt, da die Endprodukte in erster Linie einer visuellen Bildinterpretation dienen sollten.

4. Mosaikbildung

Ziel dieses Prozessschrittes war die Erstellung eines Gesamtbildes aus den einzelnen entzerrten Satellitenszenen. Bei Mehrfachabdeckung von Flächen war zu entscheiden, welches Bild im Mosaik Verwendung findet. Das Bildmosaik wurde zusammengestellt nach dem Grundsatz „beste Qualität" vor „höchster Aktualität".

Werden Einzelbilder unterschiedlicher Aufnahmezeitpunkte zusammengefügt, so zeichnen sich die Bildränder mit ihren aufnahmebedingten Farb- bzw. Grauwertunterschieden immer deutlich ab und stören den Gesamtbildeindruck. Dieses ist besonders auffallend im ländlichen Raum, wo große annähernd homogene Feldflächen durch unterschiedlichen Vegetationsbestand unterschiedliche Grauwerte bedingen. Um diesen Effekt zu minimieren, wurden Schnittkanten (Cutlines) entlang von Nutzungsgrenzen digitalisiert. Die Verwendung dieser Linien, die die Bildgrenzen im Überlappungsbereich der Einzelaufnahmen bestimmen, führen im Ergebnis zu Bildmosaiken ohne störende Bildränder.

Geringe geometrische Ungenauigkeiten an den Bildrändern wurden durch eine gleitende Grauwertmittelung in einem insgesamt 4 Pixel (entsprechend 20 m im PAN und 80 m im LISS) breiten Streifen um die Grenzlinien gemildert. Ein Histogrammmatching erfolgte nur im Überlappungsbereich der Bildszenen und auch nur dann, wenn die Szenen nicht vom gleichen Aufnahmedatum waren.

5. Bildkomposite und Bildfusion

5.1 Berechnung von Naturfarbkompositen

Die multispektralen LISS-Daten des IRS-1C-Sensors sind aufgrund ihrer Kanallage Farbinfrarotkomposite. Eine derartige Darstellung ist besonders zur Erkennung und Beurteilung der Vegetation geeignet, setzt aber beim Bildinterpretieren mehr Interpretationserfahrungen voraus als ein Naturfarbkomposit. Durch die immer umfassendere Nutzung von Fernerkundungsdaten, letztlich auch im privaten Bereich (z. B. D-SAT2), setzen sich Naturfarbprodukte immer stärker durch. Da IRS-1C-LISS-Daten über keinen Blaukanal verfügen, bestand die Aufgabe, einen synthetischen blauen Farbkanal aus dem grünen, roten und infraroten Farbkanal zu berechnen. Einfache

Syntheseverfahren führten zu keinen befriedigenden Ergebnissen. Um optimale Ergebnisse zu erreichen, wurde hier auf die Erfahrungen der Firma GAF zurückgegriffen, die neben den originalen LISS-Daten auch die Berechnung eines synthetischen Blaukanals anbietet.

5.2 Bildfusion

Durch die Bildfusion eines geometrisch hochauflösenden panchromatischen und eines geringer auflösenden multispektralen Bildes kann ein Farbbildprodukt mit der geometrischen Auflösung des panchromatischen Bildes berechnet werden. Ziel von Bildfusionsverfahren ist letztlich eine hohe geometrische/strukturelle Bildgüte (Beibehaltung der PAN-Information) bei hoher spektraler/ radiometrischer Bildgüte (Beibehaltung der multispektralen LISS-Information) des Fusionsprodukts. Der Vergleich von Bildfusionsprodukten im Rahmen von Verfahrensbewertungen muss daher auch differenziert hinsichtlich dieser zwei Zielkriterien erfolgen. Für die Bestimmung der spektralen/radiometrischen Bildgüte wurden die Korrelationskoeffizienten zwischen 3-kanaligen LISS-Bildausschnitten mit den daraus berechneten Bildfusionsprodukten für verschiedene untersuchte Fusionsmethoden bestimmt. Die geometrisch/strukturelle Bildgüte wurde durch Korrelation zwischen Varianzbildern von PAN- und Fusionsbildern bestimmt, da die lokale Varianz ein Maß für die geometrisch/strukturelle Bildinformation darstellt.

Verschiedene Fusionsverfahren wie z. B. die Hauptkomponenten- und die IHS-Transformation basieren darauf, dass das panchromatische Bildsignal spektral vollständig die Farbkanäle abdeckt. Das ist bei IRS-1C-Daten nicht gegeben (Abb. 2).

Darum ist bei der Bewertung von Verfahren zur Fusion von IRS-1C-Bilddaten zwischen der Berechnung von Infrarotprodukten (spektrale Dissonanz) und Naturfarbprodukten (spektrale Identität, wenn auch nur synthetisch erzeugt) zu unterscheiden. Es wurden insgesamt sieben verschiedene Fusionsverfahren implementiert und hinsichtlich der Bildgüte der Fusionsprodukte visuell qualitativ (visuell) und quantitativ (statistisch) verglichen. Aus dem quantitativen und qualitativen Vergleich der Fusionsprodukte konnten folgende Schlussfolgerungen gezogen werden:

Abb. 2: Spektrallage der panchromatischen und multispektralen IRS-IC-Bilddaten

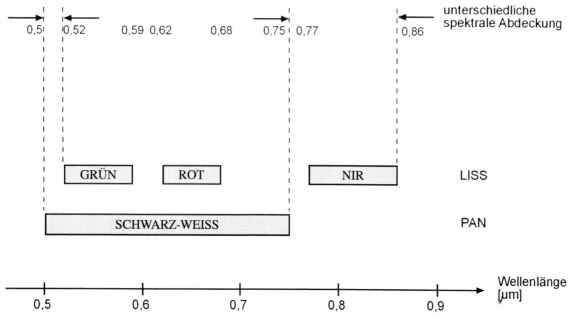

- Beste Fusionsergebnisse insbesondere hinsichtlich der geometrisch/strukturellen Güte resultieren aus der Hauptkomponententransformation (PCA), allerdings nur dann, wenn es auf LISS-Daten mit einem synthetischen blauen Kanal angewandt wurde. Bei der Verwendung der originalen LISS-Kanäle ist das Ergebnis unbefriedigend, da hier die spektrale Überlappung zwischen den PAN- (0,5–0,75 :m) und den LISS-Daten (0,52–0,86 :m) nicht gegeben ist.
- Bei der Berechnung eines Fusionsproduktes mit den originalen LISS-Bändern für die Erstellung eines hochauflösenden Infrarotbildes ergab das Hochpassfilterverfahren (HPF) die besten Ergebnisse insbesondere hinsichtlich der spektralen/radiometrischen Güte.

Aufgrund dieser Ergebnisse wurde das Naturfarbprodukt auf Basis der Hauptkomponententransformation (PCA) und das Infrarotprodukt auf Basis der Hochpassfiltermethode (HPF) berechnet.

An dieser Stelle muss betont werden, dass das Naturfarbfusionsprodukt hinsichtlich Aufnahmedatumsunterschieden zwischen den PAN- und LISS-Szenen besonders anfällig ist. Landwirtschaftsflächen zeigen in einigen Fällen eine unrealistische rote, grüne bzw. auch gelbe Färbung. Dieser Effekt ist auf unterschiedliche Bildsignale in diesen Bildbereichen durch unterschiedliche Vegetationsbedeckung in den beiden Ausgangsbildern zurückzuführen. Auch Dunst- oder Wolkenbereiche aus LISS-Daten zeichnen sich teilweise durch unrealistische Blau- bzw. Gelb/Rottöne aus.

6. Bildfilterung

Bildfilterungen können wesentlich zur Erleichterung und Verbesserung der Bildinterpretation beitragen, sollten aber immer nur im Zusammenhang mit einer spezifischen Interpretationsaufgabe angewandt werden, also letztlich vom Bildinterpreten selbst. In Sachsen arbeiten nun die Regierungspräsidien mit ArcInfo und die Regionalen Planungsstellen mit ArcView, zwei Programmen, die in ihrer Grundfunktionalität über keine Bildfiltermöglichkeit verfügen. Darum bestand die Aufgabe in einer „behutsamen" Bildfilterung, die für viele Interpretationsaufgaben Erkennungsvorteile bedingt.

Nach Voruntersuchungen wurde aus der Fülle möglicher Filter eine Kantenschärfung in einem 5 x 5 Pixel großen Fenster gewählt. Diese Filterung bedingt in den optimalen Bilddarstellungsmaßstäben von 1 : 25 000 für die PAN- und 1 : 100 000 für die LISS-Daten eine schärfere Darstellung insbesondere der strukturreichen städtischen Gebiete, deren Interpretation im Rahmen der Planung besondere Bedeutung zukommt. Wählt man eine zu starke Vergrößerung für die Bilddarstellung der Filterprodukte (z. B. Maßstab 1 : 50 000 für das LISS-Bild bzw. 1 : 10 000 die Fusionsprodukte), kann dieses zu ersten Bildartefakten durch Kantenüberzeichnung und Bildrauschen in homogenen Bildteilen führen. Darum sollten Zoomdarstellungen nur auf den ungefilterten Bilddaten erfolgen. Auch ländliche Gebiete werden günstiger in den ungefilterten Bildmosaiken wiedergegeben, da Wald und Landwirtschaftsflächen dann weniger texturreich erscheinen.

7. Bildkompression

Großflächige Bildmosaike beanspruchen unkomprimiert riesige Speicherkapazitäten. Diese steigen linear mit der Fläche und quadratisch! mit wachsender Bildauflösung. Neben einer Filegrößenreduzierung ist der Aspekt der Datenhandhabung in Geoinformationssystemen äußerst wichtig. In der GIS-Arbeit müssen die häufig als Hintergrundinformation dienenden Satellitenbilddaten in nahezu Echtzeit handhabbar sein. Das verlangt letztlich begrenzte Dateigrößen im Zusammenhang mit neuen Bildspeicherkonzepten (Pyramidenablage) und Viewertechniken.

Bei der Bildkompression unterscheidet man prinzipiell zwischen verlustfreien und verlustbehafteten Verfahren. Abhängig vom Bildinhalt lassen sich durch verlustfreie Kompressionsverfahren bei Fernerkundungsdaten im Mittel nur Kompressionsraten von ca. 2–3 erreichen. Bei den verlustbehafteten Verfahren stellen sich in letzter Zeit die wavelet-basierten Verfahren dem weit verbreiteten JPEG-Verfahren als überlegen dar, da sie höhere Kompressionsraten bei besserer Bildqualität (keine Blockartefakte, kürzere Entpackungszeiten) ermöglichen.

Die Firma LizardTech hat auf Basis der Wavelet-Transformation ein Bildkompressionsprogramm mit dem Namen „Multiresolution Seamless Information Database" (MrSID) entwickelt. Das Programm gestattet hohe Kompressionsraten bei sehr guter Bildqualität. Neben dem Kompressor wird auch ein Viewer für das programmeigene Bildformat SID angeboten, der sich durch hohen Komfort bei sehr schnellen Bildladezeiten auszeichnet. Neben dem Viewer wird auch eine Extension für ArcView angeboten, die ab der Version 3.1 integraler Bestandteil von ArcView ist. Das SID-Format wird inzwischen u. a. auch von ERDAS Imagine 8.4 und ArcInfo 8.0 unterstützt.

MrSID-Kompressor und -Viewer wurden im Rahmen der Projektarbeit einem umfassenden Test unterworfen. Dieser bedingte sehr gute Ergebnisse bezüglich erreichbarer Kompressionsraten, Bildladezeiten und der Bildhandhabung sehr großer Datenmengen in Geoinformationssystemen. Erst ab Kompressionsraten von 15 für panchromatische und 30 für multispektrale IRS-1C-Bilder sind erste minimale Bildqualitätsminderungen bei Darstellungen in hoher Auflösung bemerkbar.

Darum wurde diese Technik für die Bildkompression des landesweiten Bildmosaiks ausgewählt. Um eine Bildverfälschung auszuschließen, wurden mit 10 für die PAN- bzw. 20 für die Farbbilder bewusst niedrige Kompressionsraten für die Bildmosaike gewählt. Die tatsächlichen Kompressionsraten lagen dann mit dem Wert 15 für die Grauwert- und 55 für die Farbmosaike wesentlich höher, da erhebliche Flächenanteile am Rand der rechteckigen Bilder ohne Bildinformationen waren und sich darum wesentlich stärker komprimieren ließen (Tab. 3).

Durch die interne Speicherung der Bilddaten in verschiedenen Kompressionsstufen innerhalb des SID-Format gelingt eine sehr schnelle Bildvisualisierung unabhängig vom Maßstab.

8. Erstellte Mosaikprodukte

Tabelle 3 gibt einen Überblick der fünf landesweiten Bildprodukte mit der Filegröße der unkomprimierten TIFF- und der komprimierten SID-Dateien, der Kompressionsrate sowie der Bildladezeit in ArcView.

Zusätzlich wurde zu jedem der fünf Bildmosaike eine gefilterte Version berechnet, sodass insgesamt 10 Bilddatensätze zur Verfügung stehen. Vom Satellitenbildvertreiber euromap (www.euromap.de) wurden die Bilddaten mit einer 3-Nutzerlizenz erworben: ein Datensatz für die Landesplanung, ein Datensatz aufgeteilt auf die drei Regierungsbezirke und ein Datensatz aufgeteilt auf die fünf Regionalplangebiete Sachsens. Für diese Stellen wurden die Bilddaten jeweils entsprechend ausgeschnitten.

Zusätzlich zu den Bildprodukten dienen folgende Vektordaten als unterstützende Informationen: Ein Vektorlayer mit den Grenzen der Szenen der Satellitenbilddaten einschließlich Aufnahmedatum und Szenenbezeichnung, ein Vektorlayer mit Bildbereichen gleichen Aufnahmedatums von PAN- und LISS-Daten, ein Layer mit der Abgrenzung der Wolkenbereiche sowie ein Layer mit den administrativen Grenzen der Regierungsbezirke und der Regionalplanungsgebiete Sachsens. Weiterhin wurde eine Interpretationshilfe der wichtigsten Bodenbedeckungs- und Nutzungsklassen in Form von ArcInfo-Polygonen erarbeitet. Auf atmosphärenbedingte Bildeffekte wie Wolken- bzw. Wolkenschatten, sensorbedingte Bildfehler sowie Übersteuerungspunkte (Blobs) wird beispielhaft durch ein Punktcover hingewiesen. Auch auf die entstehenden Bildeffekte bei ungleichem Aufnahmedatum von PAN- und LISS-Szenen und dazwischen erfolgten Nutzungsänderungen (z. B. Neubebauung) oder Bodenbedeckungsänderungen (z. B. Abbaufortschritt, unterschiedlicher Vegetationsbestand in der Landwirtschaft) wird an Beispielen eingegangen.

Die Bildmosaike ermöglichen der Landes- und Regionalplanung erstmals eine Visualisierung der aktuellen Realsituation der Flächennutzung bzw. Bodenbedeckung in hoher Auflösung nahezu in Echtzeit im Rahmen ihrer Planungsarbeit mit GIS.

Tab. 3: Landesweite Bildprodukte, Speicherbedarf und Bildladezeiten

Name	Datengrundlage	Optimaler Darstellungsmaßstab	Filegröße TIFF [MB]	Filegröße SID [MB]	Kompressions-faktor	Ladezeit[1] [s]
NAT100	synthetisch Blau, LISS2, LISS3	1 : 100 000	343	11,3	30,0	10,5
INF100	LISS1-3	1 : 100 000	343	11,3	30,0	10,5
GRAU25	PAN	1 : 25 000	1 830	126,4	14,5	5,0
NAT25	Syn. Blau, LISS2, LISS3 + PAN	1 : 25 000	5 500	103,7	53,0	9,2
INF25	PAN + LISS1-3	1 : 25 000	5 500	103,7	53,0	9,2

[1] Ladezeit des gesamten Bildmosaiks in Vollbilddarstellung im SID-Format unter ArcView3.1 auf Standard-PC (Pentium II/350 MHz)

9. Anwendererfahrungen mit den Satellitenbildmosaiken

An alle Regierungspräsidien und Regionalplanungsstellen wurde parallel mit den Bildmosaiken auf CD-ROM ein Fragebogen versandt, der später Hinweise auf bevorzugte Datenprodukte, Verarbeitungstechniken und Anwendungen erbringen sollte. Aus den eingegangenen Antworten kann folgendes Bild gezeichnet werden:

- Wichtigstes Bildprodukt ist das Naturfarbmosaik mit 5 m Bodenauflösung. Hier treffen sich die Sehgewohnheiten ungeschulter Bildinterpreten mit dem Arbeitsmaßstab 1 : 25 000 scheinbar optimal. Teilweise werden die Daten auch bis zu dem Maßstab 1 : 10 000 gezoomt, was allerdings ein erhebliches Oversampling darstellt.

- Das Infrarotprodukt wird für alle Fragen der Vegetationsbewertung benutzt.

- Das Grauwertmosaik wird zusammen mit farbig dargestellten Planungssachverhalten häufig als Hintergrundbild für den Druck von Stellungnahmen verwendet.

- In einigen Fragestellung wird mit einer kantengeschärften Version der Bilddaten gearbeitet, weil hier die Konturen noch deutlicher hervorkommen, wenn auch das Grundrauschen in homogenen Bildarealen steigt.

- Die Lagegenauigkeit genügt den Anforderungen des Maßstabs 1 : 25 000.

- Die Bilddaten werden am häufigsten mit dem Grundrisslayer der TK25, mit Layern des Digitalen Raumordnungskatasters (DIGROK) sowie Planungslayern der Regionalplanung und administrativen bzw. Schutzgebietsgrenzen überlagert.

- Besonders geschätzt wird die hohe Aktualität der Satellitenbilddaten, die durch eine Verwendung von topographischen Karten nicht erreicht wird.

- Die Bilddaten stellen eine hervorragende Ergänzung zu vorhandenen Daten dar.

- Die Bilddaten gestatten eine einfache, selbsterklärende Einsichtnahme in die Bearbeitungsräume.

Kritisch wurden folgende Probleme angesprochen:

- Die Auflösung der Satellitenbilddaten ist für Stellungnahmen zu Bauleitplanungen, Landschaftsrahmenplanungen bzw. Bergbaufragestellungen (Abgrabungen) teilweise noch nicht ausreichend.
- In bewaldeten Hanglagen gibt es im Bereich von Verschattungen Interpretationsschwierigkeiten. Diese Effekte sind auch von der Luftbildinterpretation bekannt und letztlich nicht behebbar.
- Es wird für verschiedene Fragestellungen eine 3D-Visualisierung auf Basis eines Geländemodells und der Satellitenbilddaten gewünscht. Damit wären z. B. geplante Windkraftanlagen, Straßen, Gewerbegebiete und Wohnbebauungen visualisierbar.
- Große Unsicherheiten ergeben sich bei der Frage nach Weitergabe der Satellitenbilddaten. Prinzipiell ist unter Angabe des Lizenzvermerks die analoge Weitergabe der Bilddaten (Druck) möglich und letztlich sogar im Sinne des Satellitenbildvertreibers. Eine digitale Weitergabe der Daten ist prinzipiell untersagt.

10. Anwendung der Satellitenbildmosaike in der Raumordnung

Die Raumordnung nutzt die Bilddaten für Stellungnahmen zu Raumordnungsverfahren, Fachplanungen und Bebauungsplänen und als ergänzendes Informationsmaterial zu topographischen Karten zur Erfassung des Ist-Zustandes der Flächennutzung. Weiterhin verschafft man sich mittels der Satellitenbildmosaike einen Überblick zu planender Sachverhalte vor Ortsbesichtigungen und überprüft raumordnerisch beurteilte Planungen hinsichtlich ihrer Realisierung. Auch wurde Aufbau und Fortführung des digitalen Raumordnungskatasters (DIGROK) mit Hilfe der Daten vorangetrieben.

Im Einzelnen wurden die folgenden Fragestellungen bearbeitet:

- Bestimmung des Belegungsgrads von Wohn- und Gewerbeflächen
- Realisierungsstand geplanter Straßenbaumaßnahmen
- Stand von Rekultivierungsmaßnahmen
- Beurteilung von Konversionsflächen
- Deponiefortschritt
- Rückbau von Industriebrachen bzw. deren Revitalisierung
- Vergleich der Schlagstrukturen (z. B. Vogtland/Oberfranken)
- Forstflächendifferenzierung.

Gewünscht wird seitens der Raumordnung auch eine realitätsnahe 3D-Landschaftsvisualisierung im Zusammenhang mit Großbauvorhaben wie Windkraftanlagen, Brücken und großen Industrie- und Gewerbekomplexen, um die Frage nach der Einordnung in das Landschaftsbild zu klären.

11. Anwendung der Satellitenbildmosaike in der Regionalplanung

Die Regionalplanung erfolgt im Maßstab 1 : 100 000, die zugrunde liegenden Daten haben aber in der Regel einen Maßstab von 1 : 25 000. Da dieses einer optimalen Darstellung von IRS-1C-Farbkompositen entspricht, bewertet die Regionalplanung diese Daten als eine sehr gute Planungsgrundlage. So kann die aktuelle Flächennutzung, die derzeit noch auf Grundlage topographischer Karten und Geländebegehungen und damit sehr aufwendig erhoben wird, aus den Satellitenbilddaten abgeleitet werden. Folgende Fragestellungen wurden von der Regionalplanung mit Hilfe der Satellitenbilddaten bearbeitet:

- Aktualisierung der Raumnutzungskarte des Regionalplans insbesondere der Themen Siedlung, Verkehr, Wald, Abgrabung/Aufschüttungen und Gewässer
- Überprüfung von Natur- und Landschaftsschutzflächen (z. B. Heckenstruktur im Bergland)
- Auslastung genehmigter Gewerbegebiete
- Realisierungsstand genehmigter Windkraftanlagen (70 % Erkennungsrate)
- Kontrolle rohstofffördernder Betriebe (Abgrabungsfortschritt, Abstandsmaße usw.)

12. Anwendung in der Stadtplanung und im kommunalen Umweltschutz

IRS-1C-Daten ermöglichen eine Stadtstrukturtypenkartierung (Einzel-, Reihenhaus, Villenviertel, Blockbebauung usw.) auf Basis einer Blockkarte. Diese Typisierung spiegelt wesentliche ökologische Merkmale der Flächen wider, z. B. den daraus ableitbaren mittleren Versiegelungsgrad. Durch Verknüpfung der Strukturtypen mit Datenbankinformationen wie Einwohnerzahlen, Motorisierungsgrad, Energieverbrauch usw. können wichtige Informationen für die Stadtentwicklung abgeleitet werden.

Weiterhin ist eine Bewertung städtischer Grünflächen auf Basis der IRS-1C-Daten sehr gut möglich. Straßengrün ist in seiner Vitalität einschätzbar, Parkanlagen nach Wiesen und baumbestandenen Flächen gut trennbar. Die Hauptklassen einer städtischen Biotopkartierung sind im IRS-Farbkomposit bestimmbar, während Unterklassen nur in Einzelfällen erkannt werden können. So kann die Verwendung dieser Daten den Umfang der Geländearbeit im Rahmen der Fortführung einer Biotoptypenkartierung entscheidend vermindern. Auch für die Datengewinnung von neu eingemeindeten Gebieten sind IRS-1C-Daten eine wichtige Datenquelle. Für die Fortschreibung des Flächennutzungsplans im Maßstab 1 : 10 000 sind die Daten nur sehr begrenzt einsetzbar. Hier reicht die geometrische Auflösung nur zur Kartierung großer Flächennutzungsänderungen. Zusammenfassend können folgende Aufgabenbereiche für IRS-1C-Satellitenbilddaten in der Stadtplanung angegeben werden:

- Übersicht zu Flächenpotenzialen und Flächennutzungskonflikten
- Planungskontrollen
- Abgrenzung von Verdichtungszonen
- Stadtstrukturtypenkartierungen
- Bodenversiegelungserhebung.

Die Auflösung der Bilddaten ist unzureichend für eine generelle Fortführung des Bestandes im Flächennutzungsplan sowie für Biotop- und Nutzungstypenkartierungen im städtischen Maßstab (1 : 5 000).

13. Anwendung in der Landschaftsplanung

IRS-1C-Farbkomposite bilden eine sehr gute Grundlage für die Erzeugung aktueller Arbeitskarten für die Landschaftsplanung. So ist z. B. ein panchromatisches IRS-Bild oder ein IRS-Infrarotfusionsbild mit überlagertem Straßen-, Wege- und Gewässernetz (ATKIS-Linienobjekte) ausgezeichnet als Übersichtskarte für Geländekartierungen geeignet. Einzelne Nutzungstypen können sehr gut eingeschätzt werden wie beispielsweise Grünlandbereiche mit einem hohen Anteil an Einzelgehölzen. So kann der Aufwand für Vor-Ort-Kartierungen eingeschränkt bzw. notwendige Erhebungen gezielter angegangen werden. Gegenüber ATKIS gestatten die IRS-Daten eine wesentlich feinteiligere Interpretation des Landschaftsinventars, die für die Landschaftsplanung und -ökologie von großem Wert ist. So sind große Bäume einschließlich ihrer Vitalität gut interpretierbar und Buschbestände an Wegrändern sowie Schlaggrenzen- und Feldänderungen erkennbar.

14. Überlegungen zur Aktualisierung von Bilddatensätzen

Bezüglich der Frage nach sinnvollen Wiederholungszeiträumen für Satellitenbildaufnahmen für die Landesplanung sowie Raumordnung und Regionalplanung sind folgende Aspekte zu berücksichtigen:

- Der Aktualisierungsrhythmus der topographischen Erhebung sollte sich nach der Änderungsdynamik der Landschaft richten. Diese ist sehr unterschiedlich ausgeprägt. Während in den Verdichtungsräumen und ihrem unmittelbaren Umland sowie entlang der großen Verkehrsachsen eine hohe Änderungsdynamik besteht, sind die ländlichen Räume von vergleichsweise geringen Veränderungen geprägt. Bergbaugebiete unterliegen sowohl in der Betriebs- als auch der Rekultivierungsphase einer hohen Änderungsdynamik.

- Sinnvolle Wiederholzeiten für Satellitenbildaufzeichnungen stehen im Zusammenhang mit dem Zielmaßstab. Je kleiner der Maßstab, umso großflächiger muss die Flächennutzungsänderung sein, um über der Erfassungsuntergrenze zu liegen und damit noch erfasst zu werden. So ergibt sich ganz allgemein die Regel: Je kleiner der Maßstab, umso größer kann das Aufnahmeintervall gewählt werden.

- Die Frage nach Aktualisierungszeiträumen steht auch im Zusammenhang mit der Größe der Satellitenbildszenen. So ist bei den indischen IRS-Daten eine sachsenweite Abdeckung mit 3–5 der 140 km x 140 km großen multispektralen und 15–20 der 70 km x 70 km großen panchromatischen Vollszenen möglich. Aus Kostengründen sind Vollszenen den Viertel- oder Subszenen vorzuziehen. Mit IRS-Daten sollte eine Teilgebietsabdeckung nur bei besonders dringendem Aktualisierungsbedarf größerer Flächen erfolgen.

- Bei den neuen Satellitenbilddaten mit 1 m Bodenauflösung beträgt die Größe einer Bildszene nur 11 km x 11 km. Damit sind für eine sachsenweite Abdeckung ca. 200 Bildszenen notwendig. Bei den derzeitigen Kosten von ca. 5 000 DM pro Bildszene (18 $/km²) ist aus Kostengründen nur die Erstellung von Mosaiken von sich hochdynamisch entwickelnden Teilflächen möglich.

Daraus leitet sich folgender Vorschlag bezüglich der Satellitenbildaufnahme der Landesfläche für die Raumplanung ab: Eine landesweite Satellitenbildaufzeichnung erfolgt im Abstand von 3–5 Jahren mittels panchromatischer und multispektraler IRS-Daten. Damit sind Planungen bis zu einem Maßstabsbereich von 1 : 25 000 bis 1 : 100 000 möglich sowie notwendige Grundinformationen für das Digitale Raumordnungskataster ableitbar. Auch Stellungnahmen der Raumordnung und Regionalplanung zu Bebauungs- und Flächennutzungsplänen werden dadurch wirkungsvoll unterstützt. Eine gewisse zeitliche Varianz in der Wiederholungszeit der Satellitenbildmosaike muss eingeplant werden, um auch qualitativ hochwertige Bildprodukte zu generieren (atmosphärische und saisonale Bedingungen!).

In Verdichtungsräumen, Bergbaugebieten und besonderen Entwicklungsräumen sollte zusätzlich im Abstand von 1–3 Jahren eine Aufnahme mittels 1-m-Satellitenbilddaten erfolgen. Damit wäre eine genügend dichte Abfolge von Aufnahmen gegeben, die der hohen Änderungsdynamik in diesen Gebieten gerecht wird. Die Auflösung der 1-m-Satellitendaten ermöglicht Kartierungen im Maßstab 1 : 5 000 und somit auch die Erkennung und Interpretation des kleinteiligen städtischen Objektinventars. Die Erstellung der Teilraummosaike sollte dabei angesichts des Aufwandes und der Datenmengen zeitlich gestaffelt erfolgen.

15. Zusammenfassung und Ausblick

Mit IRS-1C-Satellitenbilddaten stehen erstmals operationell nutzbare, digitale Satellitenbilddaten zur Verfügung, die Planungsarbeiten im Maßstab 1 : 25 000 ermöglichen. Die Daten bilden eine hervorragende Grundlage für Flächennutzungsbestimmungen, Siedlungsabgrenzungen, die Erfolgskontrolle der Regionalplanung sowie die Erstellung von Arbeitskarten für die Landschaftsplanung. Durch das wavelate-basierte Kompressionsverfahren MrSID gelingt die Kompression großer Datenmengen auf handhabbare Filegrößen und die Datennutzung in nahezu Echtzeitarbeit in Geoinformationssystemen. So können große Bilddatensätze erstmals z. B. als Hintergrundinformationen zur Darstellung der aktuellen Flächennutzung in der Raumplanung verwandt werden.

Um IRS-Satellitendaten den endgültigen Durchbruch in der praktischen Arbeit zu ermöglichen, ist in der Zukunft noch eine Reihe von Aufgaben zu lösen. Die Satellitenbildvertreiber sollten ihr Angebot flexibilisieren, indem sie Daten auch in beliebigen Flächengrößen und -zuschnitten anbieten. Gleichzeitig sind die Lizenzbestimmungen bei Datenmehrfachnutzung zu flexibilisieren, denn die Satellitenbilder sind für verschiedene öffentliche Einrichtungen gleichermaßen interessant. Um die Daten auf verschiedenen Ebenen der Planung und in der öffentlichen Verwaltung benutzen zu können, ist die Berechnung großer landesweiter Bildmosaike sinnvoll. So kann eine Mehrfachprozessierung ausgeschlossen und damit Kosten eingespart werden. Derartige Datensätze könnten in einem Behördenintranet abgelegt werden. Bei den derzeit noch begrenzten Bandbreiten und den großen Datenmengen wird der Offline-Datennutzung noch einige Zeit der Vorzug gegeben werden. Letztlich werden Verfahren zur halb- und vollautomatisierten Informationsgewinnung aus den Satellitenbilddaten zur Fortführung von Rauminformationssystemen zu entwickeln sein.

Literatur

BUSCH, A. (1998): Revision of Built-Up Areas in a GIS Using Satellite Imagery and GIS Data. ISPRS Commission IV Symposium „GIS – Between Visions and Applications". Stuttgart, Vol. 32, Part 4, 91–98.

DE BÉTHUNE, S.; MULLER, F.; DONNAY, J.-P. (1998): Fusion of multispectral and panchromatic images by local mean and variance matching filtering techniques. In: RANCHIN, T.; WALD, L. (eds.): Fusion of Earth Data, Sophia Antipolis, Nice, France, 20–30 January, 31–37.

CARPER, W.A.; LILLESAND, T.M.; KIEFER, R.W. (1990): The Use of Intensity-Hue-Saturation Transformations for Merging SPOT Panchromatic and Multispectral Image Data. Photogrammetric Engineering & Remote Sensing 56(4), 459–467.

IRS-1D Data Users Handbook (1997): National Remote Sensing Agency. IRS-1D/NRSA/NDC/HB-12/97.

MEINEL, G.; LIPPOLD, R. (1999): Zum Einsatz neuer Informationstechnologien in Raumplanung und Umweltschutz – Auswertung einer deutschlandweiten Befragung. Tagungsband Computergestützte Raumplanung CORP '99, Wien 2/99, 87–92.

MEINEL, G.; LIPPOLD, R.; NETZBAND, M. (1998): The Potential Use of New High Resolution Satellite Data for Urban and

Regional Planning. ISPRS Commission IV Symposium „GIS – Between Visions and Applications". Stuttgart, Vol. 32, Part 4, 375–381.

MEINEL, G.; LIPPOLD, R.; WALZ, U. (1998): Informationsgehalt neuester hochauflösender Satellitenbilddaten (IRS-1C) und ihre Anwendung in der Raumplanung. In: STROBL/DOLLINGER (Hrsg.): Angewandte Geographische Informationsverarbeitung – Beiträge zum AGIT-Symposium Salzburg 1998. Wichmann, Heidelberg, 223–230.

RAPTIS, V.S.; VAUGHAN, R.A.; RANCHIN, T.; WALD, T. (1998): An Assessment of different data fusion methods for the classification of an urban environment. In: RANCHIN, T.; WALD, L. (eds.): Fusion of Earth Data, Sophia Antipolis, Nice, France, 20-30 January, 167–179.

SINDHUBER, A.; JANSA, J. (1998): Multi-spectral and Multi-resolution Images for Updating Topographic Data. ISPRS. Budapest, Vol. XXXII, Part 7, 273–280.

Peter Reiß

Bereitstellung räumlicher Informationen für die Raumplanung
Stand und Entwicklungen aus der Sicht der Landesvermessung

Vorbemerkungen

Die Aufgabe der Landesvermessung war es von Anfang an, räumliche Informationen für Planungsaufgaben zu liefern. Zuerst erfolgte dies natürlich in erster Linie in Form von Karten auf Papier, aber auch in numerischer Form über Lagekoordinaten und/oder Höhen von Festpunkten (Lage-, Höhen- und Schwerefestpunkte), inzwischen noch ergänzt durch GPS-Daten (SA*POS*®) für Navigation und genaue Positionierung.

In den vergangenen Jahren sind zu den analogen Karten und diesen punktbezogen vorliegenden numerischen Daten als Folge der enormen Entwicklung der EDV flächenhafte Datenbestände hinzugekommen, die als Vektordaten (Digitale Landschaftsmodelle, z.B. ATKIS®), als Gitterdaten (Digitale Geländemodelle - DGM) oder in Form von Rasterdaten (Topographische Karten, Digitale Orthophotos - DOP) erzeugt und bereitgestellt werden. Mittlerweile hat sich für diese Datenbestände, die die Grundlage bilden für Fachplanungen unterschiedlichster Art, der Begriff *Geobasisinformationen* eingebürgert.

Im Folgenden werden unter Beschränkung auf den Themenbereich des Kolloquiums der LAG Bayern der ARL Stand und Entwicklungen im Luftbildbereich beim *Bayerischen Landesvermessungsamt* (BLVA) vorgestellt. Wenig Bedeutung hatte bisher noch die Fernerkundung[1] innerhalb der Landesvermessung; ein Zustand, der sich aufgrund neuerer Verfahren und höherer Auflösungen bei Satellitenbildern in Zukunft wahrscheinlich ändern wird. Hier werden erste Ergebnisse einiger Pilotprojekte präsentiert.

Luftbildwesen

Das Luftbild als Momentaufnahme der Landschaft und als Hilfsmittel in der Landesvermessung hat in den letzen 25 Jahren enorm an Bedeutung gewonnen. Während in den 50er und 60er Jahren Luftbilder in erster Linie zur Vereinfachung und Beschleunigung der Landesaufnahme für Neuherstellung und Aktualisierung der topographischen Kartenwerke eingesetzt worden waren, wurde mittlerweile einerseits der hohe dokumentarische Wert historischer Luftaufnahmen zunehmend erkannt und gewürdigt, andererseits wurden auch die Verfahren zur Auswertung und Aufbereitung der Bildinhalte immer weiter verbessert und verfeinert, so dass die Aerophotogrammetrie (Luftbildmessung) heute eine der tragenden Säulen der gesamten Landesvermessung darstellt.

Landesluftbildarchiv und Luftbilderfassungsstelle

Luftbilder sind photographische Aufnahmen, die mit speziellen Kameras – so genannten Reihenmesskameras – vom Flugzeug aus aufgenommen werden. Sie enthalten eine Fülle von Informationen zur Dokumentation des Zustandes der Landschaft zum Zeitpunkt der Aufnahme und

---

[1] die anstelle von photographischen – mit einer optischen Kamera vom Flugzeug aus aufgenommenen – Bildern Flugzeugscanner- und Satellitenbilder einsetzt (z.B. panchromatische oder multispektrale Aufnahmen).

■ Bereitstellung räumlicher Informationen für die Raumplanung

Abb. 1: Luftbilder dokumentieren Veränderungen in der Landschaft;
hier: Haar b. München im Jahre 1945

Abb. 2: Luftbilder dokumentieren Veränderungen in der Landschaft;
hier: Haar b. München im Jahre 1988

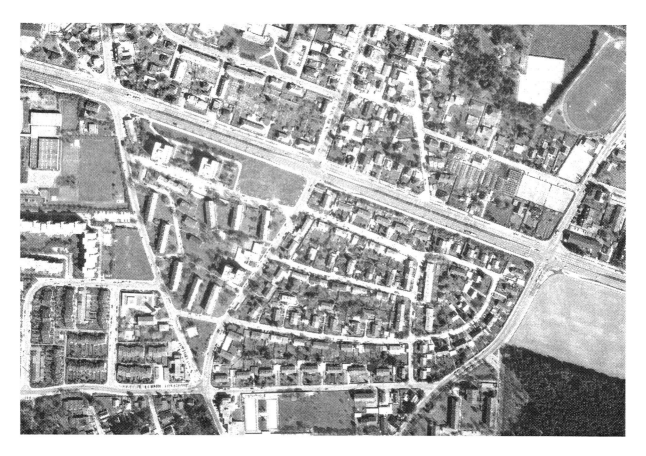

sind für viele Aufgaben eine wertvolle Hilfe, z.B. für Planungen aller Art. Deshalb wurden im Jahre 1975 beim Bayer. Landesvermessungsamt (BLVA) eine Luftbilderfassungsstelle und ein Landesluftbildarchiv eingerichtet[2] [Frankenberger (1988)].

Die **Luftbilderfassungsstelle** registriert die wesentlichen Daten aller in Bayern durchgeführten und geplanten Bildflüge und gibt jährlich ein Verzeichnis und eine Übersichtskarte heraus, die kostenlos an Interessenten abgegeben werden. Dadurch sollen Bildflugvorhaben aufeinander abgestimmt und vorhandenes Bildmaterial noch besser genutzt werden.

Das BLVA verwendet Luftbilder u.a. zur Aktualisierung der topographischen Karten und des Geographischen Informationssystems ATKIS® sowie zur flächendeckenden Herstellung von Luftbildkarten auf der Grundlage von Orthophotos. Zu diesem Zweck lässt das BLVA im Zuge der „Bayernbefliegung" jährlich etwa ein Fünftel der Landesfläche neu befliegen. Auch andere Behörden wie z.B. die Direktionen für ländliche Entwicklung, die Wasserwirtschaftsämter, Umwelt-, Landwirtschafts- und Forstdienststellen, Planungsbehörden und auch Privatpersonen nutzen dieses Bildmaterial ausgiebig.

Das **Landesluftbildarchiv** sammelt nicht nur die Luftbilder von BLVA-eigenen Befliegungen. Staatliche Stellen sind gehalten, die in ihrem Auftrag erstellten Originalfilme nach Abschluss der Auswertungen dem BLVA zur Einreihung in das Landesluftbildarchiv zu überlassen; nichtstaatlichen Stellen wird empfohlen, ebenso zu verfahren – ein Angebot, das auch in großem Umfang genutzt wird. Daneben verfügt das Landesluftbildarchiv inzwischen auch über eine Vielzahl historischer Aufnahmen, die zurückgehen bis zu Aufklärungsflügen der Alliierten aus den Jahren 1941-45; gerade dieses Bildmaterial ist heute sehr wertvoll für Altlastenuntersuchungen, z.B. zum Auffinden von Blindgängern. Aber auch in anderen Fällen – z.B. bei Rechtsstreitigkeiten oder Zuschussanträgen für landwirtschaftliche Nutzung – wird immer wieder auf ältere Luftbilder zurückgegriffen (Abb. 1, 2). Als graphischer Nachweis wird der so genannte Luftbildatlas geführt, in dem die Lage aller archivierten Bilder festgehalten ist; ein großer Teil dieser wichtigen Informationen ist inzwischen auch digital in einer Datenbank erfasst, die laufend vervollständigt wird.

Waren 1975 schon etwa 100 000 Luftbilder aus 847 Flügen erfasst, ist dieser Bestand in den vergangenen 25 Jahren auf mehr als 671 000 Bilder aus über 6 700 Flügen angewachsen (Stand: Ende 2000). Im Mai 1999 konnte das Landesluftbildarchiv in modernisierte, klimatisierte Räume umziehen, so dass dieser unwiederbringliche, wertvolle Archivbestand nun auch angemessen untergebracht ist.

Bayernbefliegung

Im Jahre 1983 führte das Bayer. Staatsministerium für Landesentwicklung und Umweltfragen eine Befliegung im Bildmaßstab 1:15.000 durch, mit der unter Einbeziehung bereits vorhandenen aktuellen Bildmaterials erstmals eine Gesamtaufnahme Bayerns erreicht werden konnte.

Seit 1987 führen die Staatsministerien für Finanzen und für Landesentwicklung und Umweltfragen gemeinsam in regelmäßigen Zeiträumen Befliegungen des gesamten Staatsgebietes durch [Frankenberger (1988)]. Organisiert und in Auftrag gegeben wird diese Bayernbefliegung 1:15.000 vom BLVA[3].

---

[2] Bildflugvorhaben und Landesluftbildarchiv des Freistaates Bayern; Bekanntmachung des Bayer. Staatsministeriums der Finanzen vom 16.Juli 1975 – Nr. 73–Vm 2251-36663

[3] Bayernbefliegung 1:15 000 – Luftbilder für Landesentwicklung, Umweltdokumentation und Flächennutzung; Gemeinsame Bekanntmachung der Bayer. Staatsministerien der Finanzen und für Landesentwicklung und Umweltfragen vom 14.Oktober 1986 – Nr. 73–Vm 2251-60485 und Nr. 5920-44-39236

■ Bereitstellung räumlicher Informationen für die Raumplanung

In den Jahren 1987 bis 1989 wurde jährlich jeweils ein Drittel der Landesfläche regionsweise beflogen; seit 1990 erfolgt die Bayernbefliegung auf fünf Jahre verteilt (Abb. 3). Die Befliegungsgebiete sind nach Planungsregionen abgegrenzt; die Ausdehnung und Lage der Luftbilder ist auf den Blattschnitt des Flurkartenwerks ausgerichtet, d.h. ein einzelnes Luftbild deckt jeweils die Fläche einer ganzen Flurkarte ab. Bisher wurde Schwarzweiß-Filmmaterial benutzt; für das Jahr 2002 ist die Umstellung auf Farbfilm bereits beschlossen.

Orthophotos und Luftbildkarten

Ein Luftbild entsteht durch eine Zentralprojektion. Aufgrund von unvermeidbaren Verkippungen der Kamera bei der Aufnahme vom Flugzeug aus und wegen der Höhenunterschiede im aufgenommenen Gelände weist es keinen einheitlichen Maßstab auf. Durch eine schrittweise Umbildung kleiner Bildelemente – eine so genannte Differentialentzerrung – können diese Verzerrungen weitgehend korrigiert werden, so dass das Ergebnis geometrisch einer Karte entspricht. Ein solches Orthophoto hat einen einheitlichen, runden Maßstab und ist georeferenziert, d.h. es hat einen exakten Bezug zum Landeskoordinatensystem. Dadurch eignet es sich zur Entnahme von Maßen und von Koordinaten.

Luftbildkarten werden aus Orthophotos abgeleitet und in einem gewählten Blattschnitt (z.B. dem Blattschnitt der Flurkarte) auf einem Rasterplotter (z.B. einem Laserbelichter) als Raster-Dia oder Raster-Negativ auf Film ausgegeben. Luftbildkarten in der Normalausführung sind mit Kartenrahmen und Beschriftung versehen (Blatt-Nr., Maßstab, Urheberrechtsvermerk, Informationen zum verwendeten Luftbild wie Tag der Aufnahme, Bildflug, Bild-Nr. etc.).

Soweit dies gewünscht wird, können einer Luftbildkarte weitere thematische Folien überlagert werden. Dabei kann es sich um Schwarzweiß-Rasterdaten handeln – wie z.B. gescannte Flurkarten oder Höhenlinienfolien – oder auch um Vektordaten (z.B. die digitale Flurkarte). Bei Bedarf können außerdem mehrere Orthophoto-Dateien zu einem gemeinsamen Luftbild-Mosaik zusammengeführt werden, wobei entlang der Streifen, in denen sich die Teilbilder überlappen, eine Helligkeits- und Kontrastanpassung möglich ist, so dass die Schnittkanten üblicherweise nicht mehr erkennbar sind.

Aus Luftbildkarten können sowohl Objekte nach ihrer Lage, Größe und Form geometrisch bestimmt als auch aktuelle Informationen z.B. zur Vegetation oder Bebauung entnommen werden. Der Bildinhalt einer Luftbildkarte ist gegenüber einer herkömmlichen Karte aktuell, nicht interpretiert und nicht generalisiert abgebildet. Diese Vorteile machen die Luftbildkarte für Planungszwecke, Übersichten, Kartenfortführung oder als Hintergrund für andere Informationen zu einem wichtigen Hilfsmittel.

Vorgeschichte

Seit 1978 wurden beim BLVA aus Luftbildern analoge[4] Orthophotos durch optisch-mechanische Entzerrung an einem Orthoprojektor abgeleitet. Hauptanwendung dieser Orthophotos im Maßstab 1:10 000 war die Feststellung von Veränderungen in der Landschaft und ihre Übertragung in die Vorlagen für die Laufendhaltung der topographischen Kartenwerke. Ab etwa 1983 wurden auf Bestellung ausgehend von Orthophotos auch Luftbildkarten im Maßstab und Blattschnitt der bayerischen Flurkarte 1:5 000 angefertigt.

---

[4] d.h. auf Film oder Photopapier belichtete

Abb. 3: Landesweite Bayernbefliegung im Bildmaßstab 1:15 000

Ende 1994 begann eine neue Phase mit der Beschaffung eines digitalen photogrammetrischen Systems. Ein Vorteil der neuen Arbeitsweise liegt u.a. darin, dass die analoge Karte auf reproduktionsfähigem Film oder auf Papier nicht mehr zwingend das Endprodukt der Herstellung bilden muss, sondern erst bei konkretem Bedarf aus den nunmehr in digitaler Form[5] vorliegenden Orthophotos angefertigt werden kann. Die Rasterdatenbestände in Form von digitalen Orthophotos stellen ein wertvolles eigenständiges Produkt dar, das beispielsweise in einem hybriden Geographischen Informationssystem (GIS) am Bildschirm als Hintergrund eingeblendet und mit Vektordaten überlagert werden kann.

Praktisch zeitgleich mit der Einführung von Verfahren der digitalen Bildverarbeitung für die Luftbildentzerrung und die Herstellung der Luftbildkarten erfolgte beginnend mit der Bayernbefliegung des Jahres 1995 ein Wechsel – ausgelöst durch ein neues Konzept [Reiß (1996); Kerner (1997)]. Danach sollten innerhalb von 10 Jahren von Amts wegen Luftbildkarten in Blattschnitt und Maßstab der Flurkarte 1:5 000 flächendeckend für ganz Bayern hergestellt werden. Nachdem die Digitaltechnik eine erhebliche Beschleunigung der Produktion mit sich brachte, ist

---

[4] d.h. auf Film oder Photopapier belichtete

abzusehen, dass bereits im Frühjahr 2001 – also bereits nach etwas mehr als fünf Jahren Bearbeitungszeit – erstmals die vollständige Deckung Bayerns mit digitalen Orthophotos und analogen Luftbildkarten erreicht sein wird. Die Luftbildkarte soll dabei die Flurkarte, die in erster Linie den Grundbesitz mit den Eigentumsgrenzen nachweist, hinsichtlich der Topographie ergänzen.

Grundlagen

Als Ausgangsmaterial für die Herstellung von Orthophotos werden

- geeignete Luftbilder aus einem Bildflug,
- Passpunkte (oder Orientierungsdaten für die einzelnen Luftbilder) und ein
- Digitales Geländemodell (DGM)

benötigt.

Wie schon erwähnt, lässt das BLVA seit 1987 die gesamte Landesfläche regelmäßig im Bildmaßstab 1:15 000 befliegen. Durch die Ausrichtung auf den Blattschnitt des Flurkartenwerks eignen sich diese Bilder besonders gut für die Herstellung von Luftbildkarten 1:5 000. Die Berechnung der Orthophotos und die anschließende Herstellung der Luftbildkarten erfolgt i.d.R. jeweils in dem Jahr, das auf die Befliegung folgt.

Lage und Orientierung von Luftbildern können auch mit den heute zur Verfügung stehenden technischen Mitteln noch nicht genau genug während der Aufnahme beim Bildflug bestimmt werden. Deshalb muss die Zuordnung zwischen Luftbild und Gelände nachträglich rekonstruiert werden. Zu diesem Zweck werden Passpunkte im Gelände benötigt. Das BLVA hat in den vergangenen fünf Jahren systematisch ein landesweites Feld luftsichtbarer Passpunkte aufgebaut. Dafür wurden im Außendienst mittels Satellitenmessungen unter Einsatz des GPS (Global Positioning System) an geeigneten Stellen Giebelpunkte auf Hausdächern und gut erkennbare Bodenpunkte (z.B. Weggabeln oder Kreuzungen) eingemessen. Die Verdichtung dieses terrestrischen Passpunktrahmens erfolgte durch Messungen in Luftbildern (Aerotriangulation).

Um die Einflüsse des Geländereliefs bei der Entzerrung beseitigen zu können, wird ein Digitales Geländemodell (DGM) benötigt. Beim BLVA wurde zu diesem Zweck zwischen 1985 und 1992 ein flächendeckendes DGM mit einer regelmäßigen Gitterweite von 50m und einer Höhengenauigkeit von etwa 2-3m aufgebaut (Abb. 4) [Reiß (1996)].

Verfahrensablauf

Auf den technischen Ablauf zur Herstellung von Orthophotos und Luftbildkarten soll hier nicht weiter eingegangen werden. Dies wurde ausführlicher in [Reiß (1996)] und [Reiß (2000)] behandelt. Hinsichtlich der Datenhaltung sind Ausführungen in [Reiß (1998)] und [Pfannenstein & Reiß (1999)] zu finden.

Produkte, Abgabeformen, Datenformate

Nach Abschluss der digitalen Bildverarbeitung liegen die Ergebnisse der Luftbildentzerrung vor:

- in digitaler Form als digitale Orthophotos (Rasterdatensatz auf einem EDV-Datenträger),
- in analoger Form als Luftbildkarten (Rasterbild auf Film oder Photopapier).

Abb. 4: Landesweites
Digitales Gelände-
modell (DGM25)

Digitale Orthophotos (DOP) decken jeweils die Fläche einer Flurkarte im Maßstab 1:5 000 mit Umgriff ab. Sie werden standardmäßig als TIFF-Dateien mit 0,40m Bodenauflösung abgegeben (Dateigröße 44,3 MegaByte). Der beim BLVA vorzuhaltende Datenbestand umfasst für eine landesweite Abdeckung – also die Auswertung eines kompletten Durchgangs der Bayernbefliegung – etwa 0,6 TeraByte.

Zur Übernahme in ein GIS können DOP auch im Format GeoTIFF bereitgestellt werden, das neben den Bildern auch den Raumbezug enthält. Da nicht alle Systeme dieses Format verarbeiten können, wird zu jedem DOP zusätzlich ein separater ASCII-File mit der Georeferenzierung erzeugt (World-File).

Künftig können digitale Orthophotos auch nach einem bundeseinheitlichen AdV-Rahmenstandard (als sog. ATKIS®-DOP) bereitgestellt werden (Kacheln der Größe 2km*2km; Bodenauflösung 0,40m; GeoTIFF; ASCII-World-File).

Analoge Luftbildkarten werden im Maßstab und Blattschnitt der Flurkarte hergestellt in den Ausgabearten:

- Luftbildkarte 1:5 000 als Normalausgabe (LK5; Orthophoto ergänzt durch Kartenrahmen und Beschriftung)
- Luftbildkarte 1:5 000 mit Flurkarte (LK5F; wie LK5, aber zusätzlich überlagert mit der Flurkarte; Abb. 5)

Abb. 5:
Ausschnitt aus der Luftbildkarte SO 19-6 „Gmund a. Tegernsee" in der Ausgabe mit Flurkarte (LK5F)

Abb. 6:
Ausschnitt aus der Luftbildkarte SO 19-6 „Gmund a. Tegernsee" in der Ausgabe mit Höhenlinien (LK5H)

- Luftbildkarte 1:5 000 mit Höhenlinien (LK5H; wie LK5, aber zusätzlich überlagert mit der Höhenlinien-Karte 1:5 000, falls brauchbare Höhenlinien vorliegen; Abb. 6)
- Luftbildkarte 1:5 000 mit den Ergebnissen der Bodenschätzung (LK5S; wie LK5, aber zusätzlich überlagert mit der Schätzungspause 1:5 000)

Die staatlichen Vermessungsämter in Bayern (VÄ), zu deren Aufgaben die Führung des Katasters und damit auch die Aktualisierung der Flurkarten gehört, wurden mit einem kompletten Satz der Luftbildkarten-Blätter ihres Amtsbezirks ausgestattet[6] und können so von transparenten Raster-Dias Lichtpausen fertigen. Wenn dabei zwei Folien gemeinsam ausgegeben werden sollen (z.B. als Luftbildkarte mit Flurkarte), muss dabei durch mehrere Schichten hindurch belichtet werden. Wenn eine höhere Qualität gefordert ist, werden beim BLVA die Themen-Folien gescannt, mittels digitaler Bildverarbeitung zusammengeführt und an einem Laserbelichter gemeinsam auf einen einzigen Film ausgegeben. Von diesem Raster-Dia werden dann Kopien auf Photopapier hergestellt.

Während seit der Umstellung auf die digitale Technik Orthophotos nur noch in digitaler Form als Rasterdaten entstehen und vorgehalten werden, existieren Luftbildkarten bisher nur als analoges Produkt. Künftig muss jedoch sicherlich auch eine digitale Luftbildkarte[7] – möglichst über das Internet – bereitgestellt werden, und zwar spätestens, wenn die digitale Flurkarte (DFK) landesweit verfügbar sein wird[8]. Erste Versuche in Zusammenarbeit mit dem Fortführungsvermessungsdienst waren erfolgreich; bis Ende 2001 soll ein entsprechendes Produkt im Rahmen eines Pilotversuchs im Internet zur Verfügung gestellt werden.

Nachdem die zugrunde liegende Bayernbefliegung derzeit noch unter Einsatz von Schwarzweiß-Film erfolgt, liegen natürlich auch alle daraus abgeleiteten Produkte als Schwarzweiß-Halbton-Bilder vor. Nach der Umstellung auf Farbfilm (Befliegungsjahr 2002) können die angesprochenen Produkte ab 2003 auch in Farbe bereitgestellt werden. Für die Datenhaltung bedeutet dies eine Verdreifachung der Datenmenge.

Pilotprojekte unter Einsatz von Fernerkundungsdaten

Bisher waren Auflösung und Genauigkeit der verschiedenen verfügbaren Fernerkundungsdaten – insbesondere der Satellitendaten – für die Aufgaben der Landesvermessung[9] nicht ausreichend. Da die Entwicklung jedoch ständig weitergeht, wurden in den vergangenen Jahren in Zusammenarbeit mit Privatfirmen mehrere Pilotprojekte durchgeführt, die insbesondere die Möglichkeiten zur Fortführung des ATKIS® untersuchen sollten. Die Durchmusterung und Interpretation von Luftbildern und Luftbildmodellen und die anschließende Übernahme der aufgefundenen Veränderungen aus den Orthophotos ist zeitaufwendig und mühsam. Hier könnte eine automatische Klassifizierung der Flächennutzung mit einem anschließenden Vergleich gegenüber dem bisherigen Stand eine deutliche Entlastung der topographischen Erkunder bringen.

---

[6] Die Höhenlinien-Karten liegen dort ebenfalls vor.

[7] also eine gemeinsame Bereitstellung von DFK- und DOP-Rasterdaten in einer einzigen Datei

[8] Ende 2003; einige Vermessungsämter haben dieses Ziel für ihren Bezirk schon erreicht!

[9] Dies betrifft z.B. die Aktualisierung des ATKIS® und der topographischen Kartenwerke.

Abb. 7: Ausschnitt einer IRS-1C-Szene (panchromatisch; Bodenauflösung 5,8m) vom 14.05.1998

IRS-1C und LandSat-TM

Dieses erste Pilotprojekt wurde 1998/99 in Zusammenarbeit mit der *Gesellschaft für Angewandte Fernerkundung mbH* - GAF, München, durchgeführt. Grundlage bildeten

- 1 Szene (panchromatisch) des indischen Satelliten *IRS-1C* (Bodenauflösung 5,8m) vom 14.05.1998 (Abb. 7) sowie
- 2 Szenen (multispektral) des amerikanischen Satelliten *LandSat ThematicMapper* (Bodenauflösung 30m) vom 24.04.1997 bzw. 17.08.1998 (Abb. 8).

Diese Daten wurden geometrisch entzerrt und zu zwei Bildkompositen mit einer geometrischen Auflösung von 5m * 5m pro Pixel zusammengerechnet (unter Verwendung der LandSat-TM-Kanäle 4-5-3 bzw. 1-2-7).

Nach einer Klassifizierung von Vegetations- und Siedlungsflächen[10] und der Filterung hinsichtlich Mindestflächengrößen entsprechend den Vorschriften des ATKIS®-Objektartenkataloges wurden Differenzanalysen zwischen den ATKIS®-Daten und den Satellitenbilddaten durchgeführt.

---

[10] Hierbei wurde nur das Bildkomposit mit den LandSat-TM-Kanälen 4-5-3 benutzt.

Abb. 8: Ausschnitt einer *LandSat-TM*-Szene (Kanäle 4-5-3; Bodenauflösung 30m) vom 17.08.1998

Hinsichtlich der Brauchbarkeit der Ergebnisse für die ATKIS®- Fortführung lassen sich folgende Aussagen treffen [Kollmuß (2000)]:

Die Daten sind sehr lagetreu und stimmen gut mit vorhandenen Orthophotos überein (Abb. 9).

- Bei den Siedlungsflächen können die Differenzdaten als Hinweis für eine Veränderung benutzt werden; eine Unterscheidung hinsichtlich der Objektarten „Wohnbaufläche", „Industrie- und Gewerbefläche" usw. ist nicht möglich (Abb. 9). Hierfür sind noch zusätzliche Informationsquellen wie z.B. Orthophotos oder Ortspläne nötig.

- Die Differenzdaten zu den Vegetationsflächen können direkt zur Aktualisierung der ATKIS®-Daten verwendet werden (Abb. 10); die Analyse von Waldflächen hinsichtlich ihrer Attributwerte „Laubholz", „Nadelholz", „Laub- und Nadelholz" und die Unterscheidung von Wiesen-, Acker- und Sonderkulturflächen ist zuverlässiger als die bisherigen Datenquellen (Orthophoto, TK25).

Da mit der verwendeten Auflösung in der Regel linienförmige Objekte (Straßen, Fließgewässer) nicht sicher zu erfassen sind, wurden weitere Versuche vorgesehen.

Abb. 9: Bildkomposit aus *IRS-1C* und *LandSat TM* (Bodenauflösung 5,0m), teilweise überlagert mit einem Orthophoto; kombiniert mit den Abgrenzungen des Objektbereichs „Siedlung" aus ATKIS®

Flugzeuggestütztes Radar

Hier handelt es sich um ein Pilotprojekt in Zusammenarbeit mit der Firma *AeroSensing Radarsysteme GmbH*, Weßling. Diese Firma hat ein hochauflösendes interferometrisches SAR-System[11] entwickelt. Ein interferometrisches Radar sendet gleichzeitig über zwei Antennen Signale aus. Dieses Verfahren liefert sowohl ein Intensitätsbild der reflektierten Radar-Signale als auch ein Höhenrelief[12], das für die geometrische Entzerrung zur Erzeugung eines Radar-Orthobildes benutzt werden kann. Ein großer Vorteil von Radar-Systemen ist ihre Wetterunabhängigkeit, da es sich um einen aktiven Sensor[13] handelt; Nachteile ergeben sich durch Abschattungen bei Erhebungen[14], die Mehrfachbefliegungen in unterschiedlichen Richtungen notwendig machen, und durch überstrahlende Reflexionen an spiegelnden Oberflächen (z.B. an Glas- oder Metall-Flächen, Fahrzeugen). Die besonderen Abbildungseigenschaften von Radar-Aufnahmen erfordern spezielles Fachwissen und Training sowie Übung bei der Interpretation und Bewertung der Ergebnisse.

Am 26.05.2000 wurde mit dem bei *AeroSensing* entwickelten System AeS-1 ein Gebiet im Bereich der *Neuen Messe München* (TK-Blatt 7836 *München-Trudering*) aufgenommen. Im Zuge der Prozessierung und Georeferenzierung wurden die dabei erhaltenen Daten auf eine Bodenauflösung von 0,5 m x 0,5 m umgerechnet. Durch eine automatische Klassifizierung (Abb. 11) mit anschlie-

---

[11] Synthetic Aperture RADAR (RAdio Detection And Ranging)

[12] über die unterschiedlichen Laufzeiten der beiden Signale

[13] der selbst Signale aussendet und nicht nur das natürliche Licht aufzeichnet

[14] die Antennen strahlen seitlich vom Flugzeug schräg nach unten

Abb. 10: Klassifizierungsergebnis kombiniert mit den Abgrenzungen des
Objektbereichs „Vegetation" aus ATKIS®

ßender visueller Auswertung – teilweise ergänzt bzw. überprüft durch Geländebegehungen – und Vergleich mit dem vorhandenen ATKIS®-Bestand wurden wiederum Veränderungen (neu hinzukommende sowie wegfallende Objekte) erfasst [AeroSensing (2000)].

Die Vergleiche gegenüber der bisherigen Arbeitsweise sind noch nicht endgültig abgeschlossen. Als vorläufiges Ergebnis lässt sich festhalten [Ruf (2000)]:

- Die Lagegenauigkeit des Radarbildes ist sehr gut ($\pm$ 1,3m aus Vergleich mit der DFK) und für den vorgesehenen Zweck völlig ausreichend.

- Das Ergebnis der automatischen Klassifizierung im Objektbereich „Siedlung" lieferte brauchbare Hinweise auf Veränderungen, aber die letztendliche Abgrenzung und Unterscheidung in Objektarten erfolgte über visuelle Interpretation. In einigen Fällen war eine Überprüfung vor Ort notwendig.

- Bei der gegebenen Auflösung des SAR-Orthobildes ist eine Interpretation der linienhaften Objekte im Objektbereich „Verkehr" möglich und wurde überwiegend korrekt durchgeführt. Die Zuweisung des Attributs „Widmung" ist allerdings abhängig von zusätzlichen Informationen (Gemeinde, Gebietstopograph, Oberste Baubehörde).

- Einige Objektarten des Objektbereichs „Vegetation" konnten direkt aus der automatischen Klassifikation abgeleitet werden (z.B. Wald oder vielfach die Unterscheidung Grünland / Akker). Im Allgemeinen war die Zuweisung der Objektarten bzw. des Attributs „Vegetationsmerkmal" (z.B. Laubholz, Nadelholz) schlüssig (Abb. 12).

Abb. 11: SAR-Orthobild (Bodenauflösung 0,5m), kombiniert mit dem Ergebnis der automatischen Klassifizierung

Abb.12: SAR-Orthobild (Bodenauflösung 0,5m), kombiniert mit den Abgrenzungen des Objektbereichs „Vegetation" aus ATKIS® und den ermittelten Veränderungen

- Im Objektbereich „Gewässer" wurden alle Veränderungen direkt aus der automatischen Klassifizierung gewonnen. Die resultierenden Datensätze sind uneingeschränkt verwendbar.

Einschränkend hinsichtlich der Übertragbarkeit auf andere Gebiete ist zu bemerken, dass das Testgebiet sehr geringe Höhenunterschiede aufweist. Die Auswirkungen der SAR-spezifischen Abbildungseigenschaften (*shadow-*, *foreshortening-*, und *layover*-Bereiche) auf Interpretation und Lagegenauigkeiten in stärker bewegtem Gelände können deshalb nicht beurteilt werden.

Hochauflösende Satelliten-Daten (IKONOS)

Bei diesem Pilot-Projekt handelt es sich um eine Zusammenarbeit mit der Fa. *DEFiNiENS*[15], München. Diese Firma hat die objektorientierte Bild-Analyse-Software *eCognition* entwickelt, die vorwiegend zur Klassifizierung von Fernerkundungsdaten eingesetzt werden kann. Ein Vorteil dieser Software ist u.a., dass nicht nur spektrale Information für die Klassifizierung genutzt wird, sondern auch Form- und Textureigenschaften sowie Nachbarschaftsbeziehungen berücksichtigt

Abb. 13: Ausschnitt einer *IKONOS*-Szene (panchromatisch; Bodenauflösung 1m) vom 10.06.2000

---

[15] die früher unter dem Namen *Delphi2 GmbH* firmierte

werden. Außerdem vertreibt *DEFiNiENS* hochauflösende Bilder des Satelliten IKONOS, der von der amerikanischen Firma *Space Imaging Inc.* betrieben wird. IKONOS befindet sich seit Ende 1999 auf seiner Umlaufbahn in etwa 680km Höhe und liefert im panchromatischen Bereich Bilder mit etwa 1m und multispektrale Aufnahmen mit etwa 4m Bodenauflösung.

Hier standen wiederum für das TK-Blatt 7836 (*München-Trudering*) sowohl eine panchromatische als auch eine multispektrale Szene vom 10.06.2000 zur Verfügung (Abb. 13 und 14). Ähnlich wie bei der Radar-Auswertung ist eine Übertragbarkeit der Ergebnisse für dieses sehr flache Gebiet auf bewegtes Gelände hinsichtlich der Lagegenauigkeit zurückhaltend zu bewerten, da es sich bei der verwendeten Szene um eine Senkrechtaufnahme handelte und für die Entzerrung nur wenige Passpunkte verwendet wurden. Da in Bayern das ATKIS®-DLM25 durch Digitalisierung aus der TK25 gewonnen wurde und die anschließende Verbesserung der Geometrie mittels Orthophotos in diesem Gebiet noch nicht durchgeführt worden war, wurde außerdem versucht, die IKONOS-Daten lagemäßig möglichst gut an die ATKIS®-Daten anzupassen. Dabei verbleiben nach der Klassifikation (Abb. 15 und 16) aber immer wieder kleine Restflächen, die Veränderungen vortäuschen obwohl sie von Restfehlern in der Geometrie herrühren. Ähnlich verhält es sich mit Unterschieden in der Modellierung (In ATKIS® werden für Straßen nur die Achsen als linienhafte Objekte abgespeichert, während sie in Fernerkundungsaufnahmen natürlich als schmale Flächen erscheinen).

Abb. 14: Ausschnitt einer *IKONOS*-Szene (multispektral; Bodenauflösung 4m) vom 10.06.2000

Auch für dieses Projekt sind die vergleichenden Untersuchungen noch nicht endgültig abgeschlossen, es zeichnet sich aber ein ähnliches Ergebnis wie bei den Radar-Auswertungen ab.

Zusammenfassende Bemerkungen zu den Tests mit Fernerkundungsdaten

Alle vorgestellten Pilot-Projekte haben gezeigt, dass Flächenänderungen weitgehend automatisch gefunden und ausgewiesen werden können. Dies gilt vor allem für flächenförmige Gewässer, aber auch für landwirtschaftlich genutzte Flächen und Waldgebiete, mit Einschränkungen auch für Siedlungsflächen. Allerdings erfordert die Übernahme nach ATKIS® trotzdem noch Nacharbeit, so dass bisher noch nicht ausreichend belegt ist, ob sich der Aufwand gegenüber der bisherigen Verwendung von Luftbildern auch lohnt. Außerdem gilt genau so wie für den Einsatz von Orthophotos, dass viele wichtige Informationen überhaupt nicht aus Bilddaten gewonnen werden können, sondern dass dabei auf andere Quellen zurückgegriffen werden muss (z.B. Widmung von Straßen, Straßennamen, Fließrichtung und Klasse von Gewässern, Unterscheidung in Wohnbau- und Gewerbeflächen und solche mit gemischter Nutzung).

Abb. 15: Ergebnis der Klassifizierung mit *eCognition*

Schlussbemerkungen

In Ausführung des Ministerratsbeschlusses vom 18.09.1990 und der Gemeinsamen Bekanntmachung vom 07.01.1992[16] stellt das Bayer. Landesvermessungsamt Basisprodukte für den Aufbau von Fachinformationssystemen in der öffentlichen Verwaltung und für weitere Aufgaben zur Verfügung. Im vorliegenden Beitrag wurde näher auf das Luftbildwesen und die Bereitstellung von digitalen Orthophotos und Luftbildkarten sowie auf drei Pilotprojekte unter Einsatz von Fernerkundungsdaten eingegangen.

Nachdem mehrere Datenbestände (wie z.B. die Rasterdaten der Topographischen Karten, ATKIS® in der ersten Aufbaustufe und das DGM25) inzwischen landesweit flächendeckend vorliegen oder in Kürze verfügbar sein werden (digitale Orthophotos), zeigt sich erst zunehmend das enorme Potenzial, das in diesen wertvollen Datenbeständen noch schlummert, insbesondere was ihr Zusammenspiel und ihre gegenseitige Kombination angeht (Abb. 17).

Abb. 16: Durch *eCognition* festgestellte Veränderungen gegenüber dem ATKIS®-Bestand

---

[16] „Aufbau raumbezogener Informationssysteme"; Gemeinsame Bekanntmachung der Bayer. Staatskanzlei und der Bayer. Staatsministerien vom 7. Januar 1992 – FM-Az. 72-Vm1700-71716; B.StAnz 5/1992

Abb. 17: Perspektive des Wettersteinmassivs als Überlagerung des Digitalen Geländemodells
mit einem Mosaik aus Digitalen Orthophotos

Literatur

AeroSensing Radarsysteme GmbH (2000): Pilotprojekt zur Durchführung einer Radarbefliegung und Auswertung der Messdaten zur Aktualisierung des DLM 25/1 im Bereich des TK-Blattes 7836; Abschlussbericht (unveröffentlicht).

Frankenberger, J. (1988): Landesluftbildarchiv und Bayernbefliegung des Bayerischen Landesvermessungsamts; Mitteilungsblatt des DVW-Bayern, Jg. 40, S. 159-178.

Kerner, G. (1997): Die Luftbildkarten des Bayerischen Landesvermessungsamts; Kartographische Nachrichten, Jg. 47, S. 59-65.

Kollmuss, H. (2000): Aktualisierung des ATKIS®-Basis-DLM in Bayern; in: Bill, R. und Schmidt, F. (Hrsg.): ATKIS – Stand und Fortführung (Beiträge zum 51.DVW-Seminar an der Universität Rostock), Schriftenreihe des DVW, Seite 107-114, Stuttgart.

Pfannenstein, A.; Reiß, P. (1999): Bayern in Luftbild und Orthophoto – Aufbau und Bereitstellung landesweiter amtlicher Informationen; in: Heipke, Chr.; H. Mayer (Hrsg.), Festschrift zum 60.Geburtstag von Prof. Dr.-Ing. Heinrich Ebner, S. 243-252, München.

Reiss, P. (1996): Luftbildkarten, digitale Orthophotos und Digitales Geländemodell – Basisprodukte der Bayerischen Vermessungsverwaltung für den Aufbau von Informationssystemen; in: Bayer. Landesvermessungsamt (Hrsg.) (1996): Zehnte Informationsveranstaltung über die Graphische Datenverarbeitung der Bayerischen Vermessungsverwaltung, S. 21-34, München.

Reiss, P. (1998): Digital Orthophotography in Bavaria – Powerful Management and Database a Must; GeoInformatics, vol. 1, no. 7, S. 16-19.

Reiss, P. (2000): Neue Verfahren zur Gewinnung von Geobasisinformationen aus der Sicht der Landesvermessung – Teil 1: Einsatz Digitaler Photogrammetrie zur Luftbildentzerrung; Mitteilungsblatt des DVW-Bayern, Jg. 52, S. 281-297.

Ruf, J. (2000): Pilotprojekt „Aktualisierung von ATKIS®-DLM25/1 durch Fernerkundung" mit der Firma AeroSensing Radarsysteme GmbH; BLVA-interner Zwischenbericht (unveröffentlicht).

Toni Breuer, Carsten Jürgens

Bemerkungen zum Einsatz von satelliten-getragenen Fernerkundungsverfahren in Raumordnung und Landesplanung

1. Was leisten Fernerkundungsdaten für die Regionalplanung, was leisten sie nicht?

- Die Fernerkundung ist eine Methode zur Gewinnung flächenbezogener Daten. Für die Zwecke der Planung ist sie damit nur *eine* von verschiedenen Informationsquellen.

- Fernerkundungsverfahren sind abbildende Verfahren; sie können keine „rechtlichen" Planungsdaten beispielsweise über Gemarkungsbezeichnungen, Flurstücksnummern oder gar Eigentümer liefern.

- Im konkurrierenden Wettbewerb mit anderen Daten müssen Fernerkundungsdaten sich u.a. an Kriterien wie Kosten, Aktualität und Schnelligkeit der Erhebung/Auswertung messen lassen.

2. Wo wird die Fernerkundung bisher in der Planung eingesetzt?

- Der Wert des konventionellen, flugzeug-getragenen Luftbilds für Planungszwecke ist hinreichend belegt (SCHNEIDER 1984). Das Luftbild erfährt inzwischen als Arbeitsmittel von Planern eine große Wertschätzung und findet in der Alltagspraxis breite Anwendung. Die leichte Anwendung von Luftbildern wird laufend verbessert. In Bayern beispielsweise stellt das Landesvermessungsamt *D*igitale *O*rtho-*P*hotos (DOPs) bereit, die vollständig entzerrt sind und wie eine topographische Karte gehandhabt werden können. Darüber hinaus erleichtert die digitale Photogrammetrie die Einbindung der Luftbildinformation in *G*eographische *I*nformations-*S*ysteme (GIS), die auf den verschiedenen Planungsebenen immer häufiger zum Einsatz kommen. Im Unterschied zu Luftbildern werden flugzeug-getragene Scanneraufnahmen eher selten für Planungszwecke ausgewertet.

- Satelliten-getragene Fernerkundungsverfahren gliedern sich in optische (= passive) und nichtoptische (= aktive) Systeme. Die optischen Systeme können auf den längsten operationellen Einsatz zurückblicken. Dennoch waren sie in der Vergangenheit für Zwecke der Planung nur sehr bedingt einsetzbar, und zwar vornehmlich wegen ihrer eingeschränkten geometrischen (d.h. Boden-) Auflösung.

3. Die dritte Generation von Fernerkundungssatelliten eröffnet neue Möglichkeiten für den Einsatz der optischen Systeme in der regionalen und der örtlichen Planung

- Die verschiedenen Hierarchiestufen der amtlichen Planung erfordern jeweils unterschiedliche Maßstäbe bei den flächenbezogenen Daten (vgl. Abb. 1). In dieser Hinsicht undifferenzierte Pauschalisierungen über die Leistungsfähigkeit der Fernerkundungssysteme haben in der Vergangenheit nicht selten hochgesteckte Hoffnungen geweckt, die in der planerischen Praxis nicht erfüllt werden konnten.

■ **Bemerkungen zum Einsatz von satelliten-getragenen Fernerkundungsverfahren**

- Maßstabs-Größenordnungen, die für die Regional- und Ortsplanung gefordert werden, können erst seit wenigen Monaten durch satelliten-getragene Systeme geliefert werden. Im Augenblick steht dafür nur IKONOS-2 zur Verfügung. Für die nächsten drei Jahre ist der Einsatz von mindestens 10 weiteren Systemen angekündigt, die nahezu ausnahmslos Bodenauflösungen unter 10 m bieten (vgl. zum Folgenden auch Tab. 1). Der damit verbundene technologische Sprung erklärt, weshalb man heute von sehr hoch auflösenden Satelliten der dritten Generation spricht (FRITZ 1996, JÜRGENS 1996, 1998, 2000). Ihre Bildprodukte können erstmals mit den bisher bereits in der Planung eingesetzten, flugzeug-getragenen Luftbildaufnahmen hinsichtlich der exakten Verortung konkurrieren. Der Geocodierungsaufwand von Satellitenaufnahmen ist geringer als bei Luftbildern; Satellitendaten decken größere Regionen damit auch flächenhaft preiswerter ab.

- Zusätzlich zum konventionellen SW- oder Farbluftbild bieten Scanner-basierte optische Systeme in Satelliten die Möglichkeit der multispektralen Analyse bzw. Auswertung der Bildprodukte. Die neuen Systeme sind radiometrisch hochauflösend und ermöglichen eine gezielte Informationsbeschaffung für individuelle Fragestellungen sowie (bei Auswertung mehrerer Spektralkanäle) eine gesichertere Interpretation (z.B. bei der Flächennutzung).

- Bestehende Geo-Datensätze (wie z.B. CORINE; ATKIS) können mit Fernerkundungsdaten preiswert fortgeschrieben werden. Bei einer geregelten Fortschreibung wären Change-Detection-Analysen leicht und kostengünstig anzuschließen.

- Dank der durch neue Techniken oder durch gezielte Planung der Bahnparameter verbesserten Repetitionsrate (*revisit rate*) können die Aufnahmen der neuen Satellitengeneration inzwischen auch in puncto Aktualität mit dem konventionellen Luftbild konkurrieren. Als Instrument zur laufenden Raumbeobachtung sind sie dem Luftbild deutlich überlegen.

Abb. 1: Räumliche Skalen in der Landesplanung versus Bodenauflösung von Fernerkundungs-Systemen

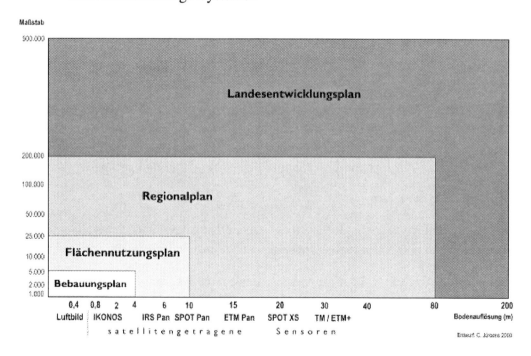

Tab. 1: Technische Kennziffern der dritten Generation von Satelliten zur Erdfernerkundung (nach JÜRGENS 2000)

Bezeichnung	Spektrum	Repetitionsrate	Geometrische Auflösung	Bemerkungen	Start
LANDSAT-7	pan/ms	16 Tage	15/30 m	8 bit, 180x180 km	15.4.99
IKONOS-2	pan/ms	3 Tage	1/4 m	11 bit, 11x11 km	24.9.99
OrbView-3	pan/ms	3 Tage	1/4 m	8 bit, 8x8 km	2001
EROS-B	pan	?	1 m	11 bit, 16x16 km	2001
RapidEye	pan/ms	1 Tag	5/7 m	4 Sat. i. Verbund	2001/2
SPOT-5	pan/ms	?	2,5-5/10-20m	60x60 km	2002
OrbView-4	pan/ms/hyp	3 Tage	1/4/8 m	200 Kanäle	2001
NEMO	pan/hyp	7 Tage	5/30 m	210 Kanäle	2001
ARIES	pan/hyp	7 Tage	10/30 m	128 Kanäle	2001
RADARSAT-2	SAR	?	3-10 m	Multi-Polarisation	2001/2
TerraSAR	SAR	3 Tage	1 m		2003

(nach Herstellerangaben im Internet), pan = panchromatisch, ms = multispektral, hyp = hyperspektral

Abb. 2: Sensoren von Erderkundungs-Satelliten der ersten, zweiten und dritten Generation

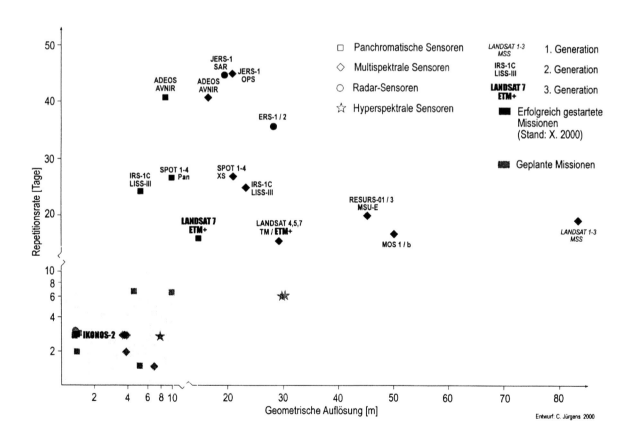

4. Weshalb ist die Akzeptanz von Satellitenbilddaten in der behördlichen Planung bisher so gering?

- Ohne Zweifel behindert die verwirrende technische Vielfalt der inzwischen eingesetzten Fernerkundungssensoren einen leichten Zugang zu den neuen Bildprodukten (vgl. Abb. 2). Das gilt in gleicher Weise für die Datenbeschaffung: Weil Fernerkundungsdaten im Unterschied zu herkömmlichen Luftbildern dezentral über untereinander konkurrierende kommerzielle Anbieter vermarktet werden, ist sowohl die Produktinformation als auch die Möglichkeit der Vorauswahl für den potentiellen Nutzer unübersichtlich, im Einzelfall sicherlich auch unvollständig. Im Regelfall wird sich (z.B.) der Planer auf den fachlichen Rat eines außenstehenden Dienstleistungsunternehmens stützen müssen.

- Die Aufbereitung von Fernerkundungsdaten wird zunehmend komplexer: Bei den optischen Systemen beispielsweise lief die Entwicklung von panchromatischen über multispektrale zu jetzt hyperspektralen Daten; im Radarbereich experimentiert man mit multifrequenten ebenso wie mit multipolarisierten Daten (SCHMULLIUS; EVANS 1997, vgl. Abb. 3). Weil Fernerkundungsbilddaten stets Unikate sind (hinsichtlich Geometrie, Aufnahmeparameter, atmosphärischer Bedingungen), müssen sie individuell bearbeitet werden. Die Datenaufbereitung kann deshalb in aller Regel nicht von den Anwendern (d.h. hier Planern), sondern muss von Experten geleistet werden. Von einer vollständigen Automatisierung dieser Arbeitsschritte sind wir bisher noch weit entfernt. Beim konventionellen analogen Luftbild war die Zwischenstufe der Bildaufbereitung nicht erforderlich.

- Das Gleiche gilt für die eigentliche Datenauswertung. Sie erfordert auf der Nutzerseite eine spezialisierte Ausbildung sowie eine leistungsfähige Hard- und Software-Konfiguration zur digitalen Bildverarbeitung.

- Viele der bisher bei Behörden verwendeten amtlichen Nomenklaturen und Kartierschlüssel orientieren sich an konventionellen Erhebungsverfahren und beziehen sich auf administrative Raumeinheiten (so z.B. die amtliche Landnutzungsstatistik). Sie sind deshalb teilweise nicht auf Fernerkundungsdaten anwendbar, die die Landnutzung z.B. nur indirekt aus den spektralen Informationen ableiten, dafür diese aber exakt verorten.

- Häufig sind die EDV-Architekturen bei spezialisierten einschlägigen Dienstleistungsunternehmen und den Endnutzern nicht unmittelbar kompatibel. Das gilt erst recht für Behörden, die bei Planungsdaten in vielen Fällen auf SICAD basieren (STARK 1989), obgleich man diesem System kaum eine marktbeherrschende Position zubilligen wird. Daraus resultiert ein zusätzlicher Arbeitsaufwand bei der Umsetzung der Ergebnisse der Bildauswertung.

- Die Datenkosten sind für die Mehrzahl der potentiellen Nutzer abschreckend hoch.

5. Strategien für die Zukunft

Von den kommerziellen Anbietern muss eine Bringschuld eingefordert werden. Dazu zählt in erster Linie das Angebot preiswerterer Rohdaten zusammen mit der Möglichkeit, präzise nur diejenigen Bildbereiche zu erwerben, die tatsächlich für ein Untersuchungsgebiet benötigt werden. Eine vereinfachte Handhabung der am häufigsten verwendeten Bildverarbeitungsroutinen wäre sicher leicht zu erfüllen; und die leichtere Einbindung von Bilddaten in bestehende EDV-Umgebungen stellt ebenfalls keine unbillige Erwartung der Nutzer von Fernerkundungsdaten dar.

- Eine Bringschuld liegt sicher auch bei den Hochschulen, die an der Ausbildung von Planern beteiligt sind. So wie die einschlägige Nutzung konventioneller Luftbilder bisher schon zum planerischen Alltag gehörte, muss in Zukunft von Planern auch eine Anwendungskompetenz bei Satelliten-Fernerkundungsdaten gefordert werden. Das bedeutet, dass die Auswertung von *allen* planungsrelevanten Fernerkundungsdaten als Pflichtbestandteil in den universitären Studiengängen zur Planerausbildung verankert werden muss. Gleichzeitig ist daran zu denken, die Bewertungskompetenz der (oft nicht professionell vorgebildeten) Entscheidungsträger beispielsweise in Kommunen und/oder Behörden auf regionaler Ebene sicher zu stellen. Das könnte in Form kompakter Intensivkurse geschehen, die von Hochschulen und Planungsfachleuten aus der Praxis gemeinsam konzipiert und durchgeführt werden.

- Die Holschuld auf Seiten der Planer bzw. der planenden Behörden besteht schließlich darin, die Angebote der Fernerkundungstechnik ebenso wie der ausbildenden Hochschulen zu nutzen, damit alle Möglichkeiten, welche die Fernerkundungsverfahren für die Planung bieten, umfassend und kritisch in der Praxis ausgelotet werden. Auf diese Weise dürfte sich rasch herausstellen, welche Systeme und Methoden der Fernerkundung sich in der Raumplanung als kostengünstige Alternativen zu konventionellen Verfahrensweisen dauerhaft etablieren können.

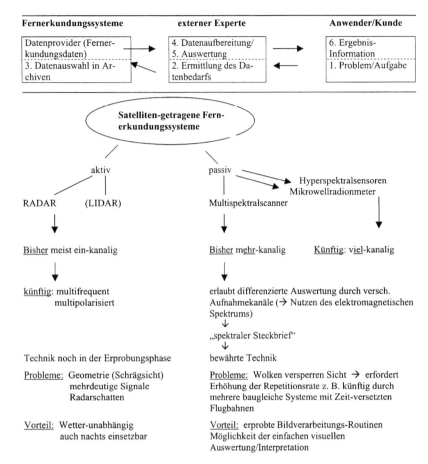

Abb. 3: Schema der Datenauswahl und –verarbeitung bei digitalen Fernerkundungsdaten

Literaturverzeichnis

EUROPÄISCHE KOMMISSION (Hrsg.) (1999): Vom Satellitenbild zur Planungskarte. Eine Einführung mit Fallstudien für Planer. (CD-ROM).

FRITZ, L. W. (1996): The Era of Commercial Earth Observation Satellites. In: Photogrammetric Engeneering and Remote Sensing, 1/1996, 39-45.

JÜRGENS, C. (1996): Neue Erdbeobachtungssatelliten liefern hochauflösende Bilddaten für GIS-Anwendungen. In: GIS 6/96, 8-11.

JÜRGENS, C. (1998): Satellitenfernerkundung - ein Überblick über derzeitige und zukünftige Aufnahmeinstrumente. In: Geoökodynamik 19, H. 1/2, 119-137.

JÜRGENS, C. (2000): Fernerkundungsanwendungen im Precision Farming. In: Petermanns Geographische Mitteilungen 144, H. 3/2000, 60-69.

SCHNEIDER, S. (1984): Angewandte Fernerkundung. Methoden und Beispiele. Hannover.

SCHMULLIUS, C.; EVANS, L. (1997): Synthetic Aperture Radar (SAR) Frequency and Polarisation Requirements for Applications in Ecology, Geology, and Oceanography: a tabular status quo after SIR-C/X-SAR.- International Journal of Remote Sensing 18, H. 13, 2713-2722.

STARK, U. (1989): Erfahrungen beim Aufbau eines GIS für die Stadtentwicklungsplanung in Berlin auf der Basis von SICAD. In: SEMMEL, A. (Hrsg.): 47. Deutscher Geographentag Saarbrücken 2. bis 7. Oktober 1987. Tagungsbericht und wissenschaftliche Abhandlungen. (=Verhandlungen des Deutschen Geographentages, Bd. 47). Stuttgart, 167-171.

Methoden und Instrumente räumlicher Planung

Handbuch

Hannover 1998, 360 Seiten, zahlreiche Abbildungen, Index
ISBN 88838-525-3

Aus dem Inhalt

- I. Rahmenbedingungen räumlicher Planung
- II. Analyse und Prognose
- III. Planungsprozeß und Entscheidung
- IV. Instrumente der Plansicherung und Planumsetzung
- V. Kontrolle und Evaluation
- VI. Computereinsatz und Planung

- Kompetent
- Anschaulich
- Kompakt
- Praxisnah

Bestellungen über den Buchhandel
oder an:
VSB Verlagsservice Braunschweig
Postfach 4738, 38037 Braunschweig
Telefon 05 31 / 70 86 45 - 648
Telefax 05 31 / 70 86 19

AKADEMIE FÜR RAUMFORSCHUNG UND LANDESPLANUNG
Hohenzollernstr. 11, D-30161 Hannover
Telefon 05 11 / 3 48 42 - 0,
Telefax 05 11 / 3 48 42 - 41
E-Mail ARL@ARL-net.de
http://www.ARL-net.de